KB142802

지리학자의 인문 여행

장소·사람·문화를 연구하는
지리학자는
여행에서 무엇을 보는가

지리학자의 인문 여행

이영민 지음

낭
아날로그

길을 떠나는 자는
행복을 포기하지 않는 사람이다

_블랑쉬 드 리슈몽

일러두기 ─────────────────────────────────

1. 지명을 포함한 외국어 표기는 대부분 국립국어원의 외국어표기법과 용례에 따랐으며 그렇지 않은 경우, 주석으로 이유를 표시했다. 모든 지명은 최초 1회에 한해서만 병기했다.

2. 전집, 총서, 단행본은 『』, 논문이나 시 제목은 「」, 잡지, 정기 간행물은 《》, 작품명, 강연명 등은 〈〉로 표기했다.

3. 책에 수록된 사진 및 재수록물 중 저작권 허락을 받지 못한 작품에 대해서는 저작권자가 확인되는 대로 계약을 맺고 그에 따른 비용을 지불할 예정이다.

여행지를 고르지만 말고
어떻게 바라볼지 고민해야 한다

한국인의 여행 사랑이 점점 넓어지고 깊어지고 있다. 텔레비전에는 각종 여행 프로그램이 넘쳐 나고, 유튜브나 인스타그램 등 각종 SNS에는 수많은 여행 고수가 저마다의 여행을 소개하며 사람들의 눈길을 끈다. 또 서점에서는 수많은 여행 안내서와 자칭 타칭 여행 전문가의 에세이가 다양한 여행을 권유한다. 가히 여행의 전성시대라 할 만하다.

나는 장소와 문화의 관계에 초점을 맞추며 그 속에서 삶의 문제를 고민하는 인문지리학자다. 그러다 보니 여행은 자연스레 내 삶의 큰 부분을 차지하게 되었다. 몸담고 있는 학교에서 2013년부터 진행하고 있는 교양 강의명도 〈여행과 지리: 글로벌화의 지역 탐색〉이다. 이 거창한 부제를 보면 여행과 지리를 접목한 과목이 글로벌 역량과 무슨 상관이 있을까 의아해하는 사람들이 있을 것이다. 흔히들 글로벌 역량이란 영어 능력을 함양하고, 국제 정치, 경제 문제에 통달하는 것, 그래서 한국의 영향력을 글로벌하게 확장시켜 나가는 것이라고 생각하기 때문이다. 하지만 그러한 능력을 높이는 일 이전에 해야 할 일이 있다. 바로 나(우리) 자신을 정확히 확인하는 작업이다. 그리고 그를 위한 최고의 수단이 여행과 지리다.

장소에 대한 앎에서 나 자신에 대한 앎으로

나를 알기 위해서는 내가 속해 있는 집단을 알아야 한다. 그리고 그를 알기 위해서는 타인과 다른 집단을 알아야 한다. 그런데 일상 속에서는 나와 극명하게 '다른' 존재들을 만날 일이 별로 없다. 여행을 떠나야 낯선 세계 속에 던져짐으로써 나와 다른 존재들을 마주할 수 있다. 가령 인도는 한때 한국 여행자들에게 대단히 매력적인 여행지로 떠올랐다. 그곳에서 매일 명상과 요가를 하며 새로운 자신을 만났다고 극찬하는 사람이 많았다. 하지만 그들이 마음 수련한 것만으로 나 자신을 만날 수 있었던 것일까? 나는 그들이 호텔 안에만 있지 않고 인력거와 자전거, 오토

바이와 삼륜차, 크고 작은 자동차의 매연과 경적 소리가 뒤엉킨 거리를 헤쳐 나가 보았을 것이라 생각한다. 그리고 타지마할 같은 찬란한 경관만이 아니라 시장에 가서 모양, 색깔, 심지어 냄새마저 각양각색인 물건을 만나며 흥미로운 차이를 발견했을 것이라 생각한다. 즉 그들이 만난 낯선 일상이 나 자신을 돌아보는 계기가 되었을 것이다. 물론 악취와 무질서 그리고 불편한 시선들로 심하게 고생해 기대와 상상이 여지없이 부서져 버렸다고 악평을 쏟아 내는 부류도 있지만 말이다.

이 세상에는 어느 하나 같은 장소가 없다. 모든 장소에는 독특한 자연경관과 문화경관이 다채롭게 펼쳐져 있다. 그리고 그곳 사람들은 자기 삶의 터전에 고유한 의미와 상징을 아로새기며 분주하게 살아가고 있다. 이것이 여행에 지리학적 안목이 필요한 이유다. 여행지에 대한 앎을 바탕으로 세상과 나의 관계를 알게 되고, 그로부터 나에 대한 성찰이 이어질 수 있기 때문이다.

이때 여행자는 여행지와 그곳의 사람들, 즉 여행되는 것들을 좋고 나쁘다로 판단해서는 안 된다. 여행은 항상 여행자와 여행지 그리고 그곳의 사람들로 이루어지는데, 이 세 가지 구성 요소는 경중을 따질 수 없다. 여행자는 여행되는 것의 다름을 인정하고 소통함으로써 나를 올바르게 이해하고 다시 세계의 다양성을 인정해야 한다. 이것이 바로 글로벌 역량이자 지금 이 시대를 살아가는 세계시민으로서의 책무다. 그런데 요즘 여행의 의미와 가치를 설파하는 많은 여행자는 '나'를 중심에 놓고 어떻게 여행하고 무엇을 생각할 것인가에 초점을 맞춘다. 그들이 말하는 여행에는 '나' 자신만 있다.

여행이 자신을 깨달을 수 있는 훌륭한 기회라는 주장에 나 역시 동의한다. 그런데 지리학자인 나는 그런 여행서들을 읽으며 중요한 것이 간과되어 있음을 확인하곤 한다. 여행지에서 낯선 대상을 어떻게 볼 것인가 하는, 지리의 문제가 별로 다루어지지 않기 때문이다. '어디에' '어디로'의 문제가 소홀하게 다루어질 때마다 나는 의문이 든다. 낯선 장소와의 조우가 제대로 이뤄지지 않는다면, 과연 성찰이 가능할까? 낯선 장소를 어떻게 만나는지에 따라 성찰의 깊이도 달라지지 않을까?

광장 한가운데서 영국의 과거와 현재를 보다

영국 런던London의 중앙부에는 트래펄가 광장Trafalgar Square이 있다. 다층적인 의미가 배어 있는 런던의 상징으로, 런던 사람들에게는 마치 서울의 광화문 광장과 같은 곳이다. 2012년 하계 올림픽의 런던 유치가 확정되자 사람들이 구름처럼 모여들어 축배를 든 곳도 바로 이 광장이다.

트래펄가 광장이 영국인에게 특별한 이유는 그 한복판에 아주 높게 세워져 있는 호레이쇼 넬슨 장군의 동상 때문이다. 영국의 이순신이라고 할 만한 넬슨 장군은 1805년 트라팔가르 해전에서 프랑스-스페인 연합 함대를 격파하고 영국의 승리를 이끈 영국 제국주의 역사상 가장 위대한 전쟁 영웅이다. 그 덕분에 나폴레옹은 영국 침공 계획을 접었고, 19세기 영국의 막강한 제국주의는 오랜 기간 이어졌다. 넬슨 장군은 죽어서도 높은 곳에서 프랑스를 감시하겠다는 유언을 남겼는데, 이를 기리는 의미로 광장 높은 곳에 장군의 동상이 세워졌다. 그리고 트라팔가르 해전에서 노획한 프랑스-스페인 연합군의 무기들은 사자상으로 변신해 그 아래를 지키게 되었다. 광장의 이름도 해전이 발발한 스페인의 트라팔가르곶에서 따왔다. 트래펄가 광장은 빅토리아 여왕 시대 대영제국의 자존심이자, 영국인의 애국심을 상징하는 장소다.

트래펄가 광장에는 넬슨 장군의 동상 외에도 여러 동상이 세워져 있다. 모두 영국의 위대한 역사를 상징하는 웅장한 동상들이다. 그런데 영국의 과거가 아닌 현재를 이해하는 데 도움을 주는 상징물이 자리 잡을 때도 있다. 광장의 가장자리에 위치한 런던 내셔널갤러리National Gallery 입구에 일정 기간 설치되는 세계적인 작가들의 작품이 그 예다. 2005년에는 마크 퀸이라는 저명한 조각가의 작품 〈임신한 앨리슨 래퍼〉가 전시되었다. 앨리슨 래퍼는 손발이 없는 장애를 갖고 태어나 입으로 그림을 그리는 구

족화가로, 마크 퀸은 이 화가의 임신한 나체 모습을 형상화했다.[●]

광장은 흔히 권력의 상징으로 여겨진다. 막강한 주류 권력은 그 권력을 구현하기 위해 광장을 활용한다. 넬슨 동상과 트래펄가 광장은 영국이라는 국가가 영국인들에게 안위와 영달을 가져다줄 수 있는 자랑스러운 권력이자 장소임을 보여 준다. 또한 런던이라는 도시가 공동체 구성원 모두에게 삶의 재미를 가져다주는 의미 있는 장소임을 보여 준다.

하지만 광장은 앨리슨 래퍼 동상을 품음으로써 권력의 유무와 상관없이 한 작은 존재가 지니고 있는 고귀한 가치를 보여 준다. 넬슨의 동상이 19세기 제국주의 시절 영국의 모습을 재현하고 있다면, 래퍼의 동상은 21세기 영국의 모습을 보여 주면서 과거와 현재를 이어 준다. 여성, 장애인으로 상징되는 지금 이 시대의 권력을 갖지 못한 사람들의 존재를 각인시키고, 정상과 비정상의 경계를 허물어 버린다. 영국이 권력을 가진 자들, 이른바 정상이라고 하는 자들만의 도시가 아니라는 것을 이 동상이 웅변해 주는 것이다. 더 나아가 과거 트라팔가르 해전의 영웅, 넬슨만이 아니라 그때 전사하거나 부상으로 불구가 되었을 수많은 영국인도 재현해 준다.

● 존 앤더슨 지음(이영민, 이종희 옮김), 『문화·장소·흔적: 문화지리로 세상 읽기』, 한울아카데미(2013), 19-20쪽.

장소와 사람을 함께 살펴보는 여행의 지리학

나는 이 책에서 여행을 주관하는 여행자는 물론이거니와 여행의 대상이 되는 여행지와 그곳의 사람들도 함께 강조하려 한다. 특히 여행을 통해 만나는 장소와 사람들을 왜 충분히 알아야 하는지, 또 어떻게 바라보고 관계를 맺어야 하는지에 대해 비중 있게 다루는 것이 이 책을 쓴 목적이다.

장소와 사람에 대한 호기심을 연구의 출발점으로 삼는 지리학과 다른 장소와 사람에 대한 낯선 경험을 목적으로 삼는 여행은 서로 맞닿아 있다. 나는 이 책에 여행지와 그곳의 사람들을 조우하는 과정에서 내 지리학자로서의 지식과 관점이 얼마나 도움이 되었는지, 그래서 어떤 즐거움을 느꼈는지 풀어냈다. 많은 여행자 역시 이 책을 통해 나와 같은 즐거움을 느끼길 바란다. 더 나아가 자신에 대한 성찰과 더불어 여행하는 자와 여행되는 것 간의 관계에 대한 성찰이 함께 이루어지는 여행을 떠나길 바란다.

프롤로그

여행지를 고르지만 말고 어떻게 바라볼지 고민해야 한다　　　　　7

••• **1부** •••

여행과 지리학은 같은 것을 바라보고 경험한다

삶의 장소를 연구하는 지리학, 삶의 장소를 경험하는 여행　　　18

'얼마나 멀리'가 아니라 '얼마나 낯설게'　　　　　　　　　　28

익숙한 곳에서 낯선 곳으로 넘어가는 시작, 국경　　　　　　41

관광은 돌아옴을, 여행은 떠남을 목적으로 한다　　　　　　55

그래도 종이지도는 필요하다　　　　　　　　　　　　　　71

••• **2부** •••

장소에서 의미를 끄집어내면 여행이 즐겁다

몰랐던 나 자신을 발견하는 경계상의 공간, 공항　　　　　　86

교통수단을 넘어 그 자체만으로 훌륭한 여행, 열차　　　　　97

'보는' 여행에서 '느끼는' 여행으로, 여행자의 몸　　　　　109

지리적 상상력을 펼칠 수 있는 최상의 무대, 전망대와 버스　　130

현재가 살아 숨 쉬는 박물관, 시장, 원주민 마을　　　　　152

♦♦♦ **3부** ♦♦♦

여행자를 위해 존재하는 장소는 없다

언어가 통하지 않아도 여행은 계속된다　　　　　　　　166

지도 위에 그려진 경계를 허물고 낯설게 바라보기　　　　179

삶터에서의 권리, 여행지로서의 행복　　　　　　　　　198

불편한 응시에서 다름을 이해하는 소통의 눈으로　　　　213

여행과 현실 간의 간극을 줄이는 세 번째 여행　　　　　230

에필로그

내가 지리를 공부하고 여행을 꿈꾸는 이유　　　　　　　241

여행은 장소에 대한 앎을 바탕으로 자기 자신에 대한 앎을 이루어 가는, 그래서 미래의 나를 가늠해 보고 조형해 나가는 훌륭한 과정이다. 여행을 통해 삶의 경험과 지식은 더욱 풍부해진다. 삶은 여행이고 여행은 삶이다. 따라서 즐거운 인생을 살아가려면 여행이 즐거워야 한다. 그리고 지리를 알고 여행을 떠나면 인생이 즐거워진다.

1부

여행과 지리학은
같은 것을 바라보고
경험한다

삶의 장소를 연구하는 지리학
삶의 장소를 경험하는 여행

우리는 언제 일상생활에서 장소를 인식할까? 모든 사건은 장소를 통해 이루어지기 때문에 강렬한 기억의 사건은 항상 특정한 장소로 기억되는 경우가 많다. 입학과 졸업이라는 즐겁고도 슬픈 추억의 무대인 학교가 머릿속에 생생하게 각인되어 있는 것처럼 말이다. 가슴 아픈 고난의 순간이나 쓰라린 이별의 순간도 장소의 기억이지 않은가?

인간은 장소적인 존재다. 물속에서 헤엄치며 살아가는 물고기가 물 밖으로 나오면 곧 죽어 버리듯, 인간도 장소 안에서 이동하고 살아가며 장소를 벗어난다는 것은 곧 죽음을 의미한다. 우리는 잠을 잘 때, 밥을 먹을 때, 일을 할 때, 사람을 만날 때 항상 장소를 끼고 있다. 친구와 통화할 때도 대뜸 "어디야?"라고 묻고, 낯선 전화를 받을 때도 "누구세요?"라고 묻기보다 "어디세요?"라고 조심스럽게 묻는다. 장소가 그 사람의 정체성과 밀접하게 연관되어 있기 때문이다. 선생과 학생이 학교라는 장소를 떠나서 존재할 수 없는 것처럼 말이다.

영어에 'take place'라는 숙어가 있다. '사건이 발생하다' '어떤 현상이 일어나다'라는 의미로 쓰인다. 그런데 이 숙어를 직역하면, '장소를 취하다' '장소를 갖다'라는 뜻이다. 인간들의 모든 사건과 현상이 반드시 장소를 취해야만 벌어질 수 있다는 의미인 것이다. 인간의 삶은 항상 장소를 취하는 여정 속에서 이루어졌다. 그런 의미에서 삶은 여행이라고 할 수 있다. 좁은 의미의 여행 역시 새로운 장소를 취하는 경험이기에 여행의 핵심은 장소다. 장소는 그렇게 인간 존재의 기반이 되는 필연적 무대다.

하지만 장소는 너무나 당연한 것이어서 우리는 그 중요성을 별로 의식하지 못한 채 살아간다. 인간에 대한 다양한 논의가 이루어지지만 정작 그 존재의 기반이 되는 장소에 대해서는 논의하지 않는다. 간단히 말해 장소는 인간과 서로 떼려야 뗄 수 없는 관계지만, 주목받지 못한다. 그런데 만약 내가 관련을 맺고 있는 장소에서 한 발짝 떨어져 의식적으로 그곳을 관찰하고 낯설게 느껴 본다면 어떨까? 어쩌면 그 장소가 흥미로운 여행지로 바뀌면서 나의 정체성을 탐구하는 데 도움을 주지 않을까?

지리학자가 해 질 녘에 모뉴먼트밸리를 찾은 이유

우리의 머리와 마음속에는 우리가 사는 세상이 제각각의 모습으로 그려져 있다. 이를 심상지도mental map라고 하는데, 이 지도는 각자가 세상을 바라보는 틀이 된다. 심상지도는 교육과 여행 등 개인의 경험을 통해 점점 더 정교하게 수정된다. 그리고 다시 장소와 세상을 바라보는 틀이 되고, 이러한 과정을 계속 거치며 우리의 지리적 상상력은 풍부해진다.

지리적 상상력이란 간단히 말해 인간의 삶을 둘러싼 시공간을 상상적으로 재구성하는 것이다. 앞서 언급한 '장소를 취하는 경험으로서의 여행'이 바로 지리적 상상력의 무대가 된다. 그런데 이 상상력을 발휘하기 위해서는 일정 수준의 앎이 전제되어야 한다. 그리고 그 앎은 상상력이 발휘되는 과정에서 새롭게 축적된다. 여행의 즐거움을 제대로 느끼기 위해서는 장소를 알아야 하고 장소에 대한 상상력을 발휘해야 한다는 뜻이다.

이는 예술 작품을 감상하는 일과 비슷하다. 작품을 감상하려면 그 속에 배어 있는 의미를 끄집어내야 하듯이, 장소라는 시각적 대상도 그 속의 깊은 의미를 끄집어내야 큰 즐거움을 느낄 수 있다. 이 경관은 왜 다른지, 거기에 배어 있는 의미와 상징은 무엇인지 등을 생각해 보아야 즐거움을 느낄 수 있는 것이다.

물론 예술 작품 자체가 지닌 시각적 아름다움 혹은 외형적 독특성은 그 자체만으로도 큰 볼거리다. 하지만 모양과 색채만으로는 이목을 끌지 못하는 작품들도 있다. 때로는 '나도 저만큼은 그릴 수 있는데, 뭐가 그리 대단하다는 것일까' 하는 생각도 들게 만든다. 하지만 그 속에 담겨 있는 화가의 성장 과정과 생각, 그림을 그릴 당시의 사회적 분위기 등 배경지식을 미리 알아보고 감상한다면 작품이 색다르게 다가오고 우리의 감상도 달라질 것이다. 아는 만큼 보인다는 말이 있다. 거꾸로 하면 보고 싶은 만큼 알아야 한다.

지리적 앎과 여행의 관계에 대해 좀 더 구체적으로 알아보자. 미국 서부 콜로라도고원Colorado Plateau의 사막 한가운데에 있는 모뉴먼트밸리Monument Valley는 유네스코 세계자연유산으로 지정된 유명한 여행지다. 이 사막은 그 특이한 모습만으로도 시각적인 자극이 대단하다. 그런데 이 사막을 더 아름답게 감상하는 방법이 있다. 그리고 나는 그 아름다운 감상을 위해 특정 시간에 그곳을 찾았다.

10월의 어느 날 오후, 다소 늦은 시간인 네 시경에 나는 모뉴먼트밸리에 도착했다. 붉은빛의 사암으로 이루어진 이 사막은 흘러가는 구름만이 무거운 그림자를 지상에 드리울 뿐 온통 고요한 적막만 가득했다. 여행자들의 발자국 소리조차 울림이 될 정도로 조용했다. 나는 기념품 가판대 주인인 원주민(인디언) 가족과 대화를 나누면서 시간을 보냈다. 척박한 사막인 이곳이 나

바호족 원주민들의 삶의 터전이라는 것을 알고 갔기에 그들과의 대화는 나의 앎을 확인하고, 더 나아가 새로운 앎을 축적하는 시간이었다. 호기심 많은 주인은 자신들과 비슷하게 생긴 나의 외모를 보고 친근하게 어느 부족인지 물었다. 때마침 비행기가 하늘을 지나가기에 나는 원주민이 아니며 한국이라는 먼 곳에서 저런 비행기를 타고 왔다고 말해 주었다. 하지만 그는 여전히 한국을 자신들과 같은 원주민 부족 중 하나로 이해했다. 이런 저런 이야기를 간헐적으로 나누다 보니 두 시간 가까이 시간이 흘렀다. 이윽고 석양빛이 붉게 타오르기 시작했다. 구름이 물러가면서 타오르는 붉은 색채에 검은 물감이 번지듯 뷰트butte[•]의 그림자가 지면으로 퍼져 갔다.

내가 모뉴먼트밸리를 오후 늦게 찾은 이유는 바로 붉은색 사암과 석양이 만나 빚어내는 이 아름다움 때문이었다. 여행자들이 경관의 지형학적 특성과 형성 과정까지 세세하게 알아야 할 필요는 없다. 하지만 모뉴먼트밸리에 붉은색의 사암으로 이루어진 돌기둥이 있다는 정도만이라도 알고 간다면, 붉은 암석과 돌기둥에 붉은 노을이 더해져 극도의 붉은색을 만들어 내리라는

● 건조한 지역에 고립적으로 솟아 있는 작은 언덕을 말한다. 주변 암석이 침식으로 깎여 나가는 가운데 상대적으로 침식에 강한 암석 성분은 남아 측면은 수직으로 깎인 절벽으로 구성되고 정상부는 탁자 모양으로 평평하게 남아 있게 된다. 모뉴먼트밸리에는 다양한 형태의 뷰트가 곳곳에 서 있어 영화 촬영지로 인기가 높다.

지리적 상상력을 동원할 수 있지 않을까? 그리고 붉음에 붉음이 더하여 뿜어내는 숨 막히는 장관도 오롯이 경험할 수 있지 않겠는가?

알고 떠나면 여행이 그리고 인생이 즐겁다

여행을 위해 많은 지식이 필요한 것은 아니다. 정말 조금만 알고 가도 여행의 즐거움을 제대로 만끽할 수 있다. 가령 유럽으로 여행을 간다면 언제, 어디로 가야 좋을까? 영국을 위시한 서부 유럽과 북부 유럽(스칸디나비아반도의 해안 지역)은 겨울이면 흐리고 비가 자주 내리는 음습한 날씨가 계속된다. 서안해양성기후이기 때문이다. 겨울에도 기온이 영하로 떨어지는 법이 거의 없으나 으슬으슬 습기 찬 날씨는 체감 온도를 상당히 낮춘다. 더군다나 영국과 서유럽은 대체로 북위 50도 이상의 고위도 지역에 위치하고 있어[•] 겨울에는 아침 여덟 시가 넘어서야 해가 뜨고 오후 세 시가 지나면 해가 진다.[••] 여행자들의 주간 활동 시간이 그

[•] 한반도는 북위 33~42도 정도에 걸쳐 있는데, 이는 대략 지중해와 일치한다.

[••] 위도가 높아질수록, 극지방에 가까울수록 겨울철 밤 시간은 길어진다. 이를 흑야(黑夜)라고 한다. 특히 위도 66.5도 이상의 지역에서는 이러한 현상이 극단적으로 나타나 극야(極夜)라고도 한다.

미국 모뉴먼트밸리에 붉은색의 사암으로 이루어진
돌기둥이 있다는 정도만이라도 알고 간다면,
붉음에 붉음이 더하여 뿜어내는
숨 막히는 장관을 오롯이 경험할 수 있지 않겠는가?

만큼 짧아질 수밖에 없는 것이다. 반면에 여름은 20도 내외의 쾌적한 기온이 유지되고 겨울에 비해 낮 시간이 길어 쾌청한 하늘을 자주 볼 수 있다. 밤 열 시가 다 된 시각에도 해가 완전히 지지 않는 백야 현상이 나타나기도 한다. 따라서 서부 유럽이나 북부 유럽 여행은 여름철이 좋다. 물론 서유럽의 스산한 정취가 더 좋다고 느끼는 사람은 당연히 겨울을 선택해야겠지만 말이다.

북반구 고위도 지역의 겨울철을 아름답게 수놓는 오로라를 감상하려면 어디가 좋을까? 이 아름답고 황홀한 하늘의 자수는 우리처럼 중위도에 살고 있는 사람들은 볼 수 없는 독특한 현상이다. 겨울철에 북극권(북위 66도 33분의 지점) 이상의 지역에서만 볼 수 있기 때문이다. 전 세계적으로 시베리아와 캐나다의 북쪽 그리고 북부 유럽의 북쪽 지역이 여기에 속하는데, 고위도 지역에서만, 더군다나 겨울철에만 볼 수 있는 만큼 오로라 감상은 엄청난 추위를 감수해야 한다.

북부 유럽의 해안 지역은 서안해양성기후의 영향을 받는 곳으로, 오로라를 볼 수 있는 가장 따뜻한 곳이다. 대서양의 멕시코난류가 해안 지역을 따라 흐르는 이 지역은 연중 탁월하게 불어오는 편서풍이 난류의 따뜻한 기운을 해안과 내륙으로 밀어준다. 노르웨이 최북단에 위치한 함메르페스트Hammerfest는 무려 북위 70도에 위치해 있다. 하지만 서안해양성기후의 영향으로 같은 위도대의 다른 장소보다 훨씬 온화한 편이기에 상대적으로 따뜻한 조건에서 오로라를 감상할 수 있다. 그런데 겨울철 습도가 높아 눈비가 올 확률이 높다. 흐린 하늘이 오로라를 가릴 확률도 그만큼 높다는 것이다.

둥근 띠 같은 '오로라 오벌oval'은 자기장이 강한 지역에서 좀 더 진하게 나타난다. 오로라는 태양풍과 지구자기장에 의해 발생하기 때문이다. 그래서 지구자기장이 가장 세서 나침반이 가리키는 방향인 캐나다 북쪽의 허드슨만 근처 옐로나이프 Yellowknife야말로 지구상에서 오로라를 가장 잘 볼 수 있는 마을이다. 그런데 이곳은 건조한 대륙성기후가 나타난다. 겨울철 북유럽 지역이 상대적으로 따뜻하고 비나 눈이 많이 오는데 비해, 캐나다 내륙 지역은 무척 춥고 건조한 날들이 이어진다. 그만큼 구름 없는 맑은 하늘이 펼쳐지는 날이 많다. 즉 오로라를 더욱 선명하게 볼 수 있다는 말이다. 하지만 옐로나이프에서 오로라를 보려면 섭씨 영하 20도 이하의 엄청난 추위는 감수해야 한다.

이처럼 독특한 여행 테마를 어디서 경험할지는 각 장소의 지리적 특성을 정확히 알고 결정하면 좋다. 똑같은 오로라지만 그것을 볼 수 있는 여러 장소의 지리적 특성을 파악하고, 자기의 취향과 신체 특성에 적합한 장소를 고른다면 보다 편안하게 여행을 즐길 수 있다. 그리고 그렇게 여행할 때 장소의 구성 요소들을 하나하나 발견하고 확인하는 재미와 앎을 더 넓고 깊게 확장시켜 나가는 재미 그리고 스스로의 정체성과 삶의 문제를 고민해 보는 재미를 연쇄적으로 느낄 수 있다. 여행은 장소에 대한 앎을 바탕으로 자기 자신에 대한 앎을 이루어 가는, 그래서 미래의 나를 가늠해 보고 조형해 나가는 훌륭한 과정이다. 여행을 통해 삶의 경험과 지식은 더욱 풍부해진다. 삶은 여행이고 여행은 삶이다. 따라서 즐거운 인생을 살아가려면 여행이 즐거워야 한다. 그리고 지리를 알고 여행을 떠나면 인생이 즐거워진다.

'얼마나 멀리'가 아니라
'얼마나 낯설게'

우리는 종종 우리가 사는 이 세상을 넓고도 깊다고 표현한다. 그런데 '세상이 깊다'는 말은 무슨 뜻일까? 지구상의 수많은 장소는 각기 다른 독특한 자연현상에 따라 만들어진 자연경관과 거기에 살고 있는 사람들이 만들어 놓은 문화경관으로 구성되어 있다. 수많은 장소 중 아무 곳이나 직접 살펴보고, 그 속에서 부지런히 살아가고 있는 현지 주민들과 직접 소통해 보자. 그들에 의해 장소에 새겨진 흔적들과 의미들이 서로 얽혀 독특한 모습으로 채색되어 있는 것을 확인할 수 있다.

일상적인 장소도 마찬가지다. 평범하고 낯익은 삶터지만 따지고 보면 다양한 구성 요소들이 독특하게 얽혀 있다. 그런데 각각의 삶터에 새겨진 흔적이나 의미는 멀리 떨어져 살고 있는 타인들에게 온전히 전달되지 않는다. 여행은 바로 그렇게 깊이 숨어 있는 흔적과 의미를 일부나마 체험해 볼 수 있는 기회다. 또한 그 깊이를 실감하는 과정이다. 즉 '깊다'라는 말은 어떤 장소라도 그 속에 독특한 의미와 흔적이 절묘하게 아로새겨져 있음을 의미한다. 장소가 가진 의미와 상징을 끄집어내 그 깊이를 더듬고 깨닫는 것, 그것이 바로 여행이 가져다주는 진정한 묘미다.

장소가 주는 힘이란 무엇인가

'장소감sence of place'은 지리학에서 사용되는 개념으로, 여행의 의미와 방법을 설명하는 데 유용하다. 장소감은 익숙함의 여부에 따라 크게 두 가지로 나뉜다. 하나는 '제자리에 있는in place' 느낌이고 다른 하나는 '제자리를 벗어난out of place' 느낌이다.

우리는 제자리에 있을 때 편안함과 안정감을 향유한다. 안식처인 집, 늘 다니는 학교, 일터, 카페 등 낯익은 모든 곳이 마음을 편안하게 해준다. 세상의 모든 장소에는 터를 잡고 살아가는 사람들이 있다. 그들에게 자신이 살아가는 장소는 익숙하고 편안하다. 바로 이 제자리에 있는 사람들이 지니고 있는 익숙하고 편안한 느낌을 이해하고 경험하는 것이 여행이다.

낯익은 곳에 대한 장소감이 어떤 것인지를 『빨간 머리 앤』의
작가 루시 모드 몽고메리의 글을 통해 살펴보자.

> 평화! 이슬이 떨어지고, 아주 오래된 별들이 반짝이기 시작
> 하고, 바다가 밀려들어 사랑하는 작은 땅과 밤의 밀회를 즐
> 길 바로 그 여름밤 황혼의 시간에, 아베그웨이트Abegweit의 해
> 안을 걷거나, 밭 한가운데를 걷거나, 붉은빛의 구불구불한 도
> 로를 따라 걸어 보세요. 비로소 당신은 평화가 무엇인지 알
> 게 될 것입니다. 자신의 영혼도 발견하고요. 당신의 혼이 깃
> 든 언덕과 길게 늘어진 하얀 모래사장과 속삭이는 바다를 둘
> 러본다면, 땅을 사랑한 조상들이 일군 오래된 농토와 농가의
> 불빛들을 둘러본다면, 당신은 비로소, '왜 내가 고향으로 돌
> 아와야 했는지!'를 말할 수 있게 됩니다.
>
> _ 캐나다 프린스 에드워드 섬(PEI) 관광 안내소에 있는 몽고메리의 글

『빨간 머리 앤』이라는 제목의 동화로 널리 알려진 몽고메리는
젊은 시절에 잠시 캐나다 토론토에서 활동하다가 자신의 고향인
PEI로 돌아왔다. 그리고 그 심정을 위와 같이 고향의 장소성에
기대어 기술했다. 사실 몽고메리의 찬사가 없었어도 이 섬은 그
자체로 매우 아름답다. 부드러운 곡선으로 이어지는 올망졸망한
언덕들, 그 위에 조성된 푸른 목장에서 한가롭게 놀고 있는 젖소

들, 보기만 해도 풍요로워 보이는 붉은색 농토와 그 사이사이로 화사하게 피어 웃고 있는 예쁜 꽃들 그리고 그 너머에 잘 보존되어 있는 울창한 천연의 숲……. 한 폭의 그림이 아닐 수 없다. 구릉지를 하나 넘어가면 또 다른 그림이 펼쳐진다. 게다가 이 모든 풍경이 바다를 끼고 있다. 육지로 만입한 바다 골짜기를 지나면 평화로운 농경지가 나타나고, 다시 바다가 연이어 나타나는 이 섬은 장소가 주는 힘이 무엇인지 짐작할 수 있게 해준다. 그래서일까? 관광 안내소에 설치된 이 섬의 안내 지도는 종이가 아닌 부드러운 질감의 천 조각을 이어 붙여 만들었다. 그리고 이 지도의 제목을 PEI의 원래 명칭인 '파도 위의 요람에 넣어진 땅'으로 붙였다. 몽고메리가 기술한 아늑하고 평화로운 장소감이 이 천으로 만든 안내 지도를 통해 재현되고 있는 것이다.

● 아베그웨이트의 정식 명칭은 PEI(Prince Edward Island)다. 이 섬은 캐나다 북동부의 대서양 연안에 위치하고 있다. 역사적으로 많은 이민자가 몰려들었고, 캐나다 연방의 초석을 닦는 큰 사건들이 이 섬에서 이루어졌다. 이로 인해 비록 작은 섬에 불과하지만 캐나다 13개 주(州) 중의 하나로 엄연히 자리 잡고 있다. 이 섬은 일명 '세인트로렌스만의 정원(Garden of the Gulf of Saint Lawrence)'이라 불릴 만큼 그 풍경이 무척이나 아름답다. 또한 비옥한 토양에서 생산되는 양질의 농산물과 바다에서 나는 신선한 해산물이 어우러진 풍요로운 음식 문화로도 큰 사랑을 받고 있다. 이 섬의 이름을 우리말로 직역하면, '에드워드 왕자의 섬'이다. 이 섬을 최종적으로 점령하고 지배한 영국 정부가 1798년에 새롭게 붙인 이름이다. 당시 영국왕이던 조지 3세의 네 번째 아들이자 캐나다 핼리팩스(Halifax)에 주둔하고 있던 영국군 수장, 에드워드 왕자의 이름을 여기에다 붙인 것이다. 하지만 과거 이 섬의 원주민이던 믹매크족은 이 섬을 '아베그웨이트(Abegweit)' 혹은 '에피크웨트크(Epikwetk)'라고 불렀는데, 그 뜻은 '파도 위의 요람에 넣어진 땅(land cradled in the waves)'이다. 잔잔한 파도 한가운데에 있는 안전한 천국과도 같은, 축복받은 땅이라고 본 모양이다. 이 얼마나 멋진 표현인가!

여행이란 의도적으로 낯선 장소감을 느끼는 여정

편안함의 울타리에서 벗어나 새롭고도 낯선 장소에 처했다고 생각해 보자. 이사 간 새로운 집, 졸업과 퇴사 후 갖게 된 새로운 일터, 새로운 일을 수행하기 위해 용기 내어 들어간 낯선 장소들……. 이들은 모두 나의 마음을 불안하고 두렵게 만든다. 하지만 낯선 것이 주는 불안감과 두려움을 이겨 내는 노력, 낯선 것을 낯익은 것으로 만드는 노력은 가치 있는 인생의 여정이 아닐 수 없다. 그리고 여행이란 바로 이런 새로운 장소감을 느끼는 일, 즉 제자리를 벗어나는 경험이다. 그러니까 제자리를 벗어나는 경험을 의도적으로 계획하고 실천하는 것, 의도적으로 낯익은 것을 낯설게 바라보는 것이 바로 여행이다.

살던 동네를 처음으로 벗어난 경험을 잊을 수가 없다. 초등학생 시절에 할아버지와 함께한 월정사 여행이었다. 회전틀을 이용해 도자기 빚는 일을 하시던 할아버지가 재료를 구하기 위해 떠난 여정이었다.

인천에서 아침 일찍 열차를 타고 서울역까지 이동한 뒤 서울역에서 버스를 타고 다시 동마장시외버스터미널[*]까지 이동했

● 용두동에 위치한 동마장시외버스터미널은 1969년부터 1989년까지 운영되다가 폐쇄됐다.

PEI는 육지로 만입한 바다 골짜기를 지나면
평화로운 농경지가 나타나고, 다시 바다가 연이어 나타난다.
이 섬의 안내 지도는 천 조각을 이어 붙여 만들었다.
몽고메리가 기술한 아늑하고 평화로운 장소감이
이 천으로 만든 안내 지도를 통해 재현되고 있는 것이다.

다. 월정사로 가기 위해서는 평창의 진부면으로 가는 시외버스를 타야 했다. 할아버지와 나는 버스를 타고 강원도의 험한 산길로 접어들어 굽이굽이 놓인 도로를 따라 산을 꾸역꾸역 올라갔다. 그런데 요란한 버스 엔진 소리는 잦아들 기미가 없었다. 할아버지는 "이렇게 험한 산길은 아닐 텐데……."라고 중얼거리며 버스 기사에게 '진부' 가는 버스가 맞냐고 물었다. 기사는 맞다고, 조금만 더 올라가면 '진부령'이라고 대답했다. 평창군 진부면이 아니라 고성군 진부령 고개였다. 진부면에는 하진부리와 상진부리가 있고, 진부시외버스정류장은 하진부리에 있기에 터미널 매표소에서 '하진부'라고 말해야 제대로 올 수 있었던 것이다.

우리는 버스에서 내리지 않고 그대로 고개를 넘어 동해안에 다다랐고, 어디에선가 버스를 갈아타 해 질 녘이 되어서야 평창군 진부면에 도착했다. 훌륭한 여행이었다. 하루 종일 버스를 타고 이동하면서 내 눈에 비친 산길과 바닷길 그리고 내 귀에 처음으로 들린 강원도 억양은 무척이나 흥미진진했다. 물론 다음 날 아침에 걸은 월정사에서 상원사까지의 눈 쌓인 전나무 가로수길도 좋았다. 하지만 내 머릿속에는 진부령으로 가던 여행길이 더 하얗게 새겨졌다. 제자리를 벗어난 나의 이 첫 장거리 여행이 몸과 마음 깊은 곳에 생생하게 각인된 것이다.

일상에서 세우는 오감의 안테나

사실 여행에서는 거리의 멀고 가까움보다 낯섦과 낯익음을 교차시키는 마음가짐, 즉 장소감을 얼마나 극명하게 느끼는지가 더 중요하다. 평소 가던 곳으로 이동하면서도 낯익은 것들을 의도적으로 낯설게 바라본다면 충분히 제자리를 벗어난 여행이 가능하지 않을까? 어쩌면 알고 있는 것들이 많기에 오히려 더 깊이 있는 여행이 될 수도 있다.

내 일상생활의 한 무대가 되고 있는 이화여자대학교와 그 앞 상가 지역을 예로 들어 보겠다. 무심한 방관자처럼 지나가지 않고 호기심의 안테나를 세워 바라본다면, 이곳은 참 재미있는 지리의 현장이다. 쉽게 짐작할 수 있는 여대 앞 상가의 모습을 상상하고 그 정도 수준에서 호기심을 멈춘다면 절대 끄집어낼 수 없는 흥미로운 이야기들이 넘쳐 난다.

서울 지하철 2호선 이대역에서 이화여대 정문을 거쳐 경의선 기차역 신촌역까지 걸어가 보자. 좁은 일차선 일방통행 도로를 따라 비싼 임대료를 감당할 수 있는 크고 작은 화장품 매장 대부분이 건물 1층에 줄지어 있다. 건물의 2~3층에는 미용실과 카페가 자리 잡고 있어 뚜렷한 차이를 보인다. 지하철역 바깥 약 10미터 전방에는 밀도 높은 옛날 가옥들을 쓸어 내고 육중한 대형 쇼핑몰이 을씨년스럽게 우뚝 솟아 있다. 소유권 분쟁으로 오가는 손님 하나 없는 썰렁한 건물이다. 그 앞 인도에는 평화의 소녀상도 서있다. 신촌 기차역 앞에는 컨테이너 박스를 포개 놓은 듯한 소위 '박스퀘어'가 자리를 잡고 있다. 경의선 기찻길 언덕 아래 깊숙한 곳에는 한국 그래피티graffiti 작가들의 성지라는 토끼굴이 알록달록 화려한 색상으로 꾸며져 있다. 또 '52번가'라 불리는 이면 골목길로 들어가 보면, 이색적인 업종의 소형 상점과 퓨전 식당들이 올망졸망 들어차 있다. 스타벅스, 미스터피자 등 프랜차이즈 업체의 대한민국 1호점 점포들도 눈길을 끌며 원래의 자리를 지키고 있다.

한낮이 되면 중국어와 한국어로 치장한 천막 노점상들이 차도를 따라 길게 늘어선다. 오전에 채플 이수를 위해 대강당으로 향하는 학생들의 요란한 뜀박질 소리로 진동하던 곳이 삼삼오오로 몰려다니는 외국인 관광객들의 한가로운 움직임과 그들의 관심을 끌려는 중국어 호객 소리로 채워지는 순간이다. 늦은 오후가 되면 곳곳에서 테이크아웃 커피를 기다리며 서있는 대학생들과 교복을 입은 중고생 그리고 외국인들이 마구잡이로 뒤섞인다. 그리고 이 분주한 거리는 아이러니하게 해 질 무렵의 퇴근 시간이 되면 순식간에 차분한 모습으로 바뀐다. 외국인 관광객들은 또 다른 지역을 관광하러 떠나고, 학생들은 불야성을 이루는 신촌 유흥가로 떠나고, 식당이나 상점들은 문을 닫기 위해 하루를 정리하는 작업에 들어가기 때문이다. 군데군데에 있는

이른 아침이면 이화여대 학생들의 요란한 뜀박질 소리로 진동하던 곳이
삼삼오오로 몰려다니는 외국인 관광객들과
그들의 관심을 끌려는 중국어로 채워진다.
여대 앞 상가의 모습을 상상하고
그 정도 수준에서 호기심을 멈춘다면 절대 끄집어낼 수 없는
흥미로운 이야기들이 넘쳐 나는 곳이다.

편의점의 불빛만이 상대적으로 환한 기운을 드러낼 뿐이다.

이처럼 낯익은 장소의 평범한 일상도 호기심의 안테나를 세우고 낯설게 바라보면 흥미롭다. 여행의 핵심은 얼마나 먼 거리를 이동하느냐가 아니라 얼마나 일상으로부터 벗어나느냐다. 이세상은 넓지만 한편으로는 대단히 깊다. 우리의 일상 안에 낯선 것들이 많이 있듯이, 이 세상의 모든 장소는 그곳에서 분투하며 살아가고 있는 사람들의 삶으로 다채롭게 채색되어 있다. 내 수업을 수강한 한 학생은 평범한 일상을 낯설게 바라봄으로써 겪게 된 새로운 변화를 다음과 같이 기술했다.

'여행은 삶이고 삶은 곧 여행이다.' 교수님께서 하신 말씀 중에 가장 기억에 남는 문장이다. 그런데 매일 가던 곳에 가고 먹던 것을 먹고 만나던 사람들을 만나는 게 어떻게 여행이될 수 있지? 첫 수업을 들은 날 투덜대며 기숙사에 올라갔다. 그런데 기숙사에 다다를 무렵, 오르막길을 쉬지 않고 올라와서 그런가 숨이 차서 잠깐 멈춰 고개를 들었다. 그때 무언가나의 눈을 사로잡았다. 이화역사관 앞 감나무에 조그맣게 매달린 감들이었다. 수없이 그 길을 지나다녔지만 감나무가 있다는 것도, 감꽃이 피는 것도, 감이 열린 것도 처음 알았다. 그동안 익숙하니까, 여기에 뭐 볼 게 있겠냐고 생각하면서 스스로 여행할 수 있는 범위를 제한하고 세상을 바라보는 시야를 좁히고 있었던 것이다.

나는 이 '낯설게 바라보기'를 시작한 지 한 달 동안 순간순간을 소중하게 생각하게 되었다. 우리는 모두 영원히 존재할 수 없기에 이 세상을 잠시 '여행'하는 존재들일 뿐이다. 세상을 여행하는 동안 매일매일이 소중하고 아름답길 바란다면 지금 바로 '낯설게 바라보기'를 시도해 보면 어떨까?

우리의 삶은 늘 움직이면서 이루어진다. 매일 집을 떠나 어디론가 돌아다니다가 다시 집으로 돌아간다. 때로는 짧게, 때로는 길게 어딘가를 계속 움직이다가 언젠가는 다시 돌아간다. 출퇴근과 등하교의 여정을 생각해 보라. 매일 집을 떠나 비교적 익숙한 곳들을 순회하고는 다시 집으로 돌아온다. 상대적으로 먼 낯선 곳으로의 여정도 마찬가지다. 이동의 끝자락에는 결국 집이 있다. 떠남은 돌아옴을 전제로 한다. 제자리에 있기와 제자리 벗어나기는 반복적으로 우리의 인생을 구성한다.

그렇기 때문에 거리가 멀고 가까운 것과 상관없이 우리는 늘 이동 중에 안테나를 세워야 한다. 모든 장소에는 저마다 많은 것이 숨겨져 있다. 사람의 눈에 보이는 것은 그 일부일 뿐이다. 하지만 보이는 것들도 의식하지 않으면 그 이면을 결코 볼 수 없기 때문에 보이지 않는 것과 다를 바가 없다. 멀리 갈 필요 없이 가까이서, 오늘의 일상에서 오감의 안테나를 세워 보자. 무심코 아무 생각 없이 걷던 길이나 집을 나섰다가 돌아오는 길을 낯설게 바라보는 연습을 해보자. 여행은 흔히 생각하듯 그리 대단하지 않다. 낯선 것들과 함께 낯익은 것들도 낯설게 바라보며, 그 속에 깊이 자리 잡은 의미를 확인하고 끄집어내 생각하는 것, 그게 바로 여행이다.

익숙한 곳에서 낯선 곳으로
넘어가는 시작, 국경

　대한민국은 섬과 같다. 3면을 둘러싸고 있는 망망대해로 경계 지어진 반도라고는 하지만 북쪽으로 철통 같은 휴전선이 장벽이 되어 우리를 가두고 있다. 섬에 갇혀 있는 상황과 다를 바가 없다. 그래서 한국인들이 국경을 넘는 일, 즉 경계 넘기를 갈망하는 것일까?

　경계 넘기는 일종의 일탈과 같다. 그리고 그 일탈은 현실을 벗어나 자유로운 생각을 펼쳐 보는 기회가 된다. 일종의 꿈이라고도 할 수 있다. 여행지의 경관과 그곳의 사람들을 그려 보고 그들의 삶이 어떻게 나와 인연을 맺고 있는지 추정해 보는 것, 여행이란 바로 이러한 꿈을 꾸는 작업이다.

여행을 좋아하는 사람들은 늘 경계 넘기를 꿈꾸는 장소적 존재다. 나 역시 경계 넘기를 늘 꿈꾸었다. 가장 멀리까지 가보고 싶다는 꿈이 언제나 잠재의식 속에 오롯이 자리 잡고 있었다. 라틴아메리카는 내가 있는 곳에서 가장 멀다는 이유만으로 꿈의 장소였다. 중학교 지리 수업 시간과 책《김찬삼의 세계여행》을 통해 안데스산맥의 영험한 모습, 앙증맞은 복장의 원주민들 그리고 메스티소[*]를 접하며 언젠가는 꼭 보리라는 희망과 과연 보는 것이 가능할까 하는 의구심을 가졌다.

그러나 그때는 군 미필자들에게 아예 여권이 발급되지 않던 시절이었다. 아니, 여권 발급 여부를 떠나서 온 국민에게 해외여행이라는 용어조차 생소하던 시절이었다. 국민들은 사증[visa]이 무엇인지도 모른 채 살았고 정부는 자국민들의 경계 넘기를 철저히 규제했다. 설령 여권이 발급되더라도 배낭여행을 꿈꾸는 가난한 국가의 대학생에게 선진국들이 비자를 내줄 리 없던 시절이었다.

이제 대한민국은 세계 최강의 여권 파워를 지닌 국가가 되었다. 글로벌 금융자문회사 아톤 캐피털에서는 매년 여권 지수(여권 파워 순위)를 발표한다. 이는 각 국가의 여권으로 무비자 혹은

● 라틴아메리카의 스페인계 백인과 인디오와의 혼혈 인종. 라틴아메리카 인구의 약 70퍼센트를 차지한다.

도착 즉시 비자 발급VOA; Visa On Arrival 후 입국이 가능한 국가의 수를 합산해 산정한다. 아톤 캐피털 발표에 따르면 2019년 4월을 기준으로 대한민국은 166개국에 자동 입국이 가능한 여권 지수 세계 3위의 국가다. 참고로 169개국에 자동 입국이 가능한 아랍에미리트가 1위, 167개국에 자동 입국이 가능한 룩셈부르크, 핀란드, 독일, 스페인이 공동 2위를 차지했다. 이는 대한민국 국민들이 서구 선진국 사람들과 어깨를 나란히 할 만큼 외국에서 환영받고 있음을 의미한다고 볼 수 있다. 불과 사반세기 안에 이렇게 급격하게 변화하다니 격세지감이 느껴진다.

국경을 넘지 못하는 사람들

정치적, 제도적 구분선으로서의 국경을 넘는 일은 기대감과 함께 두려움을 느끼게 한다. 비행기를 타고 다른 나라로 향할 때의 그 묘한 기분을 생각해 보라. 외국 공항에서 입국심사대를 통과해 낯선 곳으로 들어갈 때면 죄지은 것도 없는데 조마조마한 마음이 든다. 그래도 여권에 여행하려는 국가로부터 사증을 발급받기만 하면, 경계 너머의 새로운 것들을 접하고 일상으로부터 벗어나는 자유를 느끼며 기대감에 젖곤 한다. 그런데 마냥 신바람 나는 일만은 아니다. 예측 불가능한 것들 혹은 막연한 것들과의 조우가 기다리고 있기에 여행자의 마음 한구석에는 불안감도 자리 잡는다. 한마디로 불안한 자유다.

이처럼 상반된 감정이 드는 이유는 바로 경계를 넘는 일 때문이다. 국가 간의 다양한 차이는 그 경계가 되는 국경을 사이에 두고 분명하게 갈라진다. 흔히 국경은 공간상으로 인간을 필연적으로 분리시키는 당연하고도 자연적인natural 실체라고 생각하는 경향이 있다. 그런데 국경은 인간에 의해 인위적으로 만들어진 일종의 사회 현상이다. 즉 인간들이 낯익은 것들과 낯선 것들을 가르고 중재하려는 방편으로 '만들어 낸' 것이다.

경계의 생성과 유지에는 권력이 개입된다. 강력한 정치권력은 공간에 대한 지배력을 확보하고 안정된 질서를 잡기 위해 경계선을 긋고 그 공간에 차이를 새겨 넣는다. 누가 거기에 소속되어 있는지, 누가 내부자이고 누가 외부자인지, 누가 우리의 일원이고 누가 그들의 일원인지를 결정짓는 인간의 실천이 바로 경계인 것이다.[*] 그래서 물리적 실체로서의 경계인 국경을 넘는 과정은 까다로운 절차를 수반한다. 국가권력이 사람들의 사회적, 경제적 능력에 따라 차별적으로 허용하기 때문이다.

세계 도처에 본인의 의사와 상관없이 어디에서 태어났고 어

● 가브리엘 포페스쿠 지음(이영민 외 옮김), 『국가·경계·질서: 21세기 경계의 비판적 이해』, 푸른길 (2018), 24-36쪽.

떻게 살고 있느냐에 따라 국경 너머 해외로의 여행이 불가능한 사람이 많다. 선진국의 경우라 할지라도 여러 가지 이유로 해외여행을 자유롭게 하기 어려운 사람이 생각보다 많다. 가령 대한민국 국민들 중에는 유효한 여권을 소지하고 있는 사람이 얼마나 될까? 외교부 여권과에 따르면 2017년 10월 31일 기준으로 55.42퍼센트만 여권을 소지하고 있다고 한다. 여권을 소지하고 있더라도 해외여행을 실천하지 않은 사람들이 있음을 감안한다면, 거의 절반에 가까운 한국인들은 해외여행 경험이 없다고 할 수 있다. 여기에 소지한 여권의 유효기간이 지난 사람들까지 포함한다면 그 비율은 더 올라갈 것이다.

2013년 여름, 중국과 북한의 접경지대에 있는 중국 지린성의 조선족 마을 왕칭현 펑린촌風林村에서 한 40대의 탈북자 여성을 만난 적이 있다. 두만강 건너 북한 혜산이 고향인 그 여성은 굶주림을 피해 국경을 넘어 중국으로 들어왔다. 그리고 연변을 떠돌다가 이 마을의 조선족 남성을 만나 결혼했다. 중국에서 가장 변방에 위치한, 연변 조선족자치주에서도 오지에 속하는 이 마을에서 20년 넘게 생활한 그녀는 흔히 말하는 불법체류자였다. 한적한 오지까지는 단속의 손길이 미치지 못하니, 이곳은 그녀에게 그나마 편안한 안식처였으리라. 당시 그 마을에는 한국행 열풍이 불어 남편은 돈을 벌기 위해 한국에 있는 상태였다. 그녀의 남편뿐만 아니라 노년층을 제외하고 남녀를 불문한 마을 주민 대부분이 돈을 벌기 위해 한국에 이주해 있었다. 하지만 그녀는 신분상의 이유로 마을 밖으로는 나갈 수도, 나가 본 적도 없었다.

그녀의 집으로 들어서는 순간 내 눈에 띈 것은 지붕 위에 달린 텔레비전 수신용 위성 접시였다. 그녀는 한국의 방송프로그램을 시청하는 것이 큰 즐거움이라고 했다. 나는 가장 즐겨 보는 프로그램이 무엇인지 물었다. 물어보면서도 아마 드라마나 가요 프로그램이 아닐까 지레 짐작했다. 그러나 대답은 뜻밖에도 〈세계는 넓다〉라는 프로였다. 지금은 종영한 이 프로그램은 일반 여행자가 특정 여행지에서 찍은 동영상을 직접 설명해 주는 방식이었다. 그녀는 가보고 싶은 곳이 참 많은데 이 프로그램을 통해 눈으로 보는 것만으로도 재미있다고, 직접 여행을 떠날 수 있는 형편이 아니기 때문에 더 재미있다고 했다.

나는 그 이야기를 듣고 공간에 갇혀 있는 삶에 대한 나의 무지와 몰이해를 깨달았다. 법적인 문제와 육체적 한계 때문에 제자리를 벗어나기 어려운 사람조차 늘 떠남을 희구하면서 살아가는 이 모습이야말로 어쩌면 인간의 본성이 아닐까? 어쩔 수 없는 이유로 공간에 갇혀 있는 존재라고 해서 경계 너머 넓은 곳으로 나가고 싶은 욕망조차 접고 사는 것은 아니다. 그들의 욕망은 오히려 훨씬 더 간절한지 모른다.

제3세계 사람들 중에는 고통과 죽음의 위험을 무릅쓰고 생존을 위해 불법으로 국경 넘기를 단행하는 경우도 있다. 매체를 통해 생존을 위한 그들의 고통스러운 경계 넘기를 접할 때면 불편하고 애석한 마음을 가눌 수가 없다. 그런데 이들의 이주도 넓은 의미에서 보면 여행이라고 할 수 있다. 물론 그들의 국경 넘기는 우리의 경험과는 아주 다른 모습이다. 하지만 그들의 경험 역시 여행에 대한 기대감과 두려움으로 점철된다. 정확히 말하자면 그들은 여행 그 자체가 아닌, 여행을 통해 경계 너머 저곳에 안착하려는 열망과 여행 과정에서 겪을 고난에 대한 두려움을 동시에 느낀다. 하지만 그 기대감과 두려움은 우리에 비해 훨씬 더 강렬할 것이다.

2015년 1월 25일, 미국 뉴욕 맨해튼Manhattan의 하늘이 잿빛으로 변해 갔다. 눈발이 점점 강해지더니 내일부터는 폭설이, 폭설 뒤에는 강력한 블리자드blizzard⬧가 뉴욕New York을 강타하리라는 속보가 텔레비전 화면을 메웠다. 강력한 눈 폭풍이 사나흘 동안 계속되고 두껍게 쌓인 눈으로 도시의 교통이 마비될 것이라는 뉴스와 함께 생필품을 구매하려는 인파가 벌써부터 슈퍼마켓을 휩쓸고 있었다. 그 와중에 나는 한국에서는 보지 못한 블리자드

● 고위도 지역의 겨울철에 눈보라를 수반하여 강력하게 불어오는 차가운 폭풍을 일컫는 영미권 용어다. 강한 풍속과 차가운 기온 그리고 시야를 가리는 심한 눈보라가 어우러진 일종의 기상 재난이다. 러시아에서는 '부란(Buran)' '푸르가(Purga)', 아르헨티나에서는 '팜페로(Pampero)' 등으로 부르기도 한다.

를 경험할 수 있다는 생각에 흥분부터 했다. 그리고 그 속에서 속속 변해 가는 뉴욕 사람들의 움직임을 쫓느라 바빴다. 하지만 한국에서의 일상을 접어 둔 채 일주일이나 갇혀 지낼 수는 없는 노릇이었다. 아쉬움을 한편에 남긴 채, 부랴부랴 비행기 예약을 변경했다. 마침 다음날 출발하는 비행기에 자리가 남아 있었다. 나는 선잠을 자고 아침 일찍 공항행 소형 버스에 올라타 운전석 옆의 맨 앞자리에 앉았다. 운전사 마르티네즈를 만난 것은 그때였다. 그는 강력한 블리자드 눈발에 떠밀려 가는 듯한 소형 버스의 핸들을 움켜잡고는 미끄럽고 막힌 도로를 요리조리 능숙하게 피해 우리를 공항으로 안내해 주었다.

가는 동안 차창을 두드리는 하얀 눈발을 바라보며 나와 마르티네즈는 대화를 이어갔다. 그의 이야기는 블리자드의 위력을 꺾어 버리기에 충분할 만큼 강렬했다. 교통 회사 직원인 마르티네즈는 당시 뉴욕 퀸스Queens의 에콰도르 이민자 동네에 거주하고 있는 서른두 살의 청년이었다. 6남 2녀 중 장남인 그는 열여섯 살에 학교를 중퇴한 후 장남으로서의 책임을 다하고자 돈을 벌기로 결심했다. 고향을 떠나 일곱 시간 정도 이동해 에콰도르의 수도 키토Quito에 도착한 그는 다시 파나마를 거쳐 코스타리카에 도착했다. 열아홉 살이 되었을 때는 더 많은 돈을 벌기 위해 다시 멕시코로 넘어갔다. 이때 국경을 넘기 위해 스무 명 정도의 미등록 이주자를 태운 작은 배에 몰래 올라탔는데 무사히 멕시코에 도착한 그와 달리 뒤따라오던 배는 전복되었다고 한다. 타고 있던 사람 모두가 사망하는 끔찍한 사고였다. 그는 그후 2년 동안 멕시코 여기저기를 떠돌며 일하다가 마침내 북서부 국경도시 티후아나Tijuana에 도착했다. 그때 그의 나이는 스물한 살이었다.

그의 여정은 계속되었다. 그는 브로커에게 거금 2000달러를 주고 뉴욕으로 가는 국경 넘기를 감행했다. 당연히 여권이나 비자 없이 떠나는 불법 월경이었다. 그는 국경의 사막지대를 굽이굽이 우회하며 3일간 물 한 모금도 마시지 못한 채 걸어서 이동했다. 야밤을 틈타 우여곡절 끝에 월경에 성공해 미국 캘리포니아주 샌디에이고San Diego에 도착하고는 한숨을 돌렸지만, 긴장을 놓을 수는 없었다. 다시 같은 신세의 일곱 명과 함께 승합차에 붙어 앉아 최종 목적지인 뉴욕을 향해 이동해야 했다. 태평양에서 대서양으로의 길고 긴 대륙 횡단이었다. 그는 남루한 행색을 가리고 사람들과의 마주침을 최대한 피해야 했기에 화장실조차 사람들 눈에 안 띄는 시간에 몰래 이용해야만 했다. 쉼 없이 달려 뉴욕에 도착했을 때는 이미 와있던 친척조차 못 알아볼 정도로 피폐했다.

그는 뉴욕에 도착해 버스에서 내리자마자 솟아오르는 기쁨을 가눌 수 없어 땅바닥에 입맞춤을 했다. 그렇게 미등록 이주자로서의 뉴욕 생활은 시작되었고, 그는 10년이 지난 후 드디어 영주

권을 취득했다. 2013년 여름, 마르티네즈는 고향을 떠난 후 처음으로 다시 고향을 방문했다. 비행기에서 내려 고향 땅을 밟을 때 그가 처음으로 한 일은 뉴욕에서와 마찬가지로 그 땅에 감격의 입맞춤을 하는 것이었다.

블리자드를 몰고 오는 차창 밖 두툼한 눈발도 어느덧 그의 흥미진진한 이야기 속으로 빨려 들어가고 있었다. 마침내 공항으로 진입할 즈음, 그는 이제 고생이 끝나 편안한 생활을 하고 있고 고향에 홀로 계신 어머니를 모시기 위해 초청 신청을 해두었다며 푸근한 미소를 지었다.

여행의 진정한 시작, 마음속 경계 넘기

국경은 본질적으로 공간의 분리와 연결이라는 이중적 의미를 지닌다. 두 개의 집단을 분리하는 기능을 수행하고, 다른 한편으로는 두 개의 집단을 서로 연결시켜 준다.[*] 그런데 여행자에게 경계 안쪽의 장소들은 익숙하고 편안한 반면, 경계 바깥쪽의 장소들은 낯설고 불안감을 준다. 또 경계 안쪽에서 허용되던 것들

● 같은 책, 24-30쪽.

이 경계 바깥쪽에서는 거부될 수도 있다. 여행은 바로 그 경계를 넘나들면서 다름을 경험하고 같음을 확인하는 행위다. 따라서 익숙한 곳에서 낯선 곳으로, 편안한 곳에서 불안한 곳으로 넘어가면서 여행자에게 피어오르는 뒤섞인 감정은 어찌 보면 자연스러운 일이다.

이때 우리는 심리적 경계가 끼치는 영향을 무시해서는 안 된다. 특히 특정 지역에 대한 선입견 혹은 편견으로 만들어진 견고한 심리적 경계가 큰 영향을 발휘하는 경우를 많이 볼 수 있다. 그런데 특정 지역의 정치적 특성이나 사회문화적 특성은 대부분 내부 현실에 의해 만들어지지만, 때로는 외부에서 만들어지기도 한다. 그 지역 내 아주 작은 문제가 전체의 문제인 양 과도하게 증폭되는 것이다. '다른 문화권을 여행할 때 조심해야 할 여행 수칙' 같은 것들도 잘못되거나 과장된 경우가 많다.

2000년 여름, 대한민국에서 개최된 세계지리학대회에서 이스라엘 학자 부부를 안내한 적이 있다. 노부부는 학술 대회에 참가하는 목적은 물론이고 동아시아를 여행할 수 있는 좋은 기회인 것 같아 먼 길을 마다하지 않고 왔다고 했다. 그런데 첫인사를 나누면서 나는 반가움을 전하기 위해 이스라엘에 대한 나의 관심과 여행의 욕망을 다음과 같이 무의식적으로 표출하고 말았다. "이스라엘은 언젠가 꼭 가보고 싶은 나라입니다. 그런데 여러 가지 갈등과 충돌의 현장이라 왠지 위험할 것 같아 망설여

집니다."

이 말을 들은 부부는 바로 온화한 미소를 머금으며 딱 한마디로 대답했다.

"우리는 지금 대한민국에 와있어요!"

더 이상의 말은 필요 없었다. "그렇게 따지면 분단국가인 대한민국이야말로 세계에서 가장 위험한 곳 아닐까요? 그래도 우리가 이렇게 대한민국에서 무탈하게 여행할 수 있듯이 이스라엘도 마찬가지랍니다."라고 장황하게 말할 필요도 없었다. 머리를 망치로 한 방 얻어맞은 기분이었다. 국가 단위의 편견과 선입견으로부터 벗어나 내 마음속의 경계부터 넘고, 아니 불식시켜 버리는 것이야말로 여행의 시작이자 결과임을 깨닫는 순간이었다.

물론 심리적 경계를 허무는 것은 쉽지 않다. 하지만 우리가 지니고 있는 고정관념과 선입견이 잘못되었고 과장되었다는 것을 받아들이기만 한다면 심리적 경계 넘기는 좀 더 자유로워질 수 있다.

2014년, 강의실 맨 뒤쪽에서 내가 강의하는 〈여행과 지리〉 교양 수업을 열심히 듣던 한 학생이 있었다. 어느 날 강의를 끝내고 뒤쪽 문으로 걸어가는데, 그 학생과 눈이 마주쳤다. 나는 순간 움찔했다. 대형 강의실 앞쪽 강단에서는 전혀 볼 수 없던 휠체어를 보았기 때문이다. 나는 강의 중에 팔팔한 청춘이 여행을 통해, 특히 자유배낭여행을 통해 부지런히 고단한 여행을 실천하며 꿈과 상상을 실현하라고 힘주어 말하곤 했다. 그런데 그 학생의 모습을 보면서, 그녀에게는 여행이 그저 꿈일 수밖에 없겠구나 하는 생각이 들었다. 나는 열을 올려 가며 편협한 내 주장과 생각으로 강의를 했을 뿐, 듣는 이들의 다양성을 생각해 본 적은 없었던 것이다.

당황해하는 내 모습을 눈치챈 그 학생은 오히려 내게 위로와 격려의 말을 건네주었다. 매 시간 기다려지는 강의라고, 강의를 들으면서 상상력이 커지는 것 같아서 즐겁다고 말이다. 그 학생은 강의와 지도를 통해 상상의 나래를 펴며 열심히 꿈을 꾸고 있었다. 먼 곳의 사랑스러운 사람들과 경관들을 마음속에 그려 가며 언제 갈지 모르는 그곳을 꿈꾸고 있었던 것이다.

신체를 옮겨 가며 실천하는 국경 넘기는 모두가 할 수 있는 여행 방법이 아니다. 저마다 처해 있는 신체적, 경제적, 정치적 현실에 따라 물리적 국경은 장벽이 되기도 하고 통로가 되기도 한다. 내 의지와 상관없이 어떤 국가에서 태어나고 어떤 몸을 가지고 있는지에 따라 운명이 달라지는 현실을 생각해 보면, 자유롭게 여행을 꿈꾸고 실천할 수 있는 우리는 행운아임이 틀림없다. 이러한 점을 인식한다면, 우리의 여행은 나의 행복을 추구하는 일인 동시에 지구촌의 현실을 냉철하게 되짚어 보는 일이 되어야 한다. 단지 내가 얻은 행운을 뿌듯하게 생각하는 것이 아니라, '갇혀 있는' 그들과 '자유로운' 내가 조우하는 여행의 현장에서 그들과 나의 위치, 삶의 이유 그리고 상호 간의 관계를 항상 겸손하게 숙고해 보는 시간이 되어야 하는 것이다. 그리고 그 과정을 통해 일상의 내가 세상을 바라보는 방식도 변화시킬 수 있어야 할 것이다.

관광은 돌아옴을
여행은 떠남을 목적으로 한다

　인류의 역사는 곧 여행의 역사다. 인류는 생존을 위해 삶의 영역을 계속 확장시켜 왔다. 인류의 기원지라고 하는 아프리카부터 구대륙 그리고 신대륙까지 생존을 위한 여행을 이어 왔다. 현대에 와서도 마찬가지다. 모든 상품과 생각이 국경을 넘어 활발하게 움직이는 가운데 인간의 몸도 생존을 위해 계속 이동하고 있다. 가령 여행 플래너, 여행 가이드, 여행 작가 등 여행을 직업으로 삼아 활동하고 있는 사람들은 일종의 생존을 위한 여행자라고 할 수 있다. 여행을 직업으로 삼고 있는 이들에게 여행은 여가를 위한 일탈이 아닌, 생계를 해결하기 위한 노력이다. 이 밖에 고향에서 핍박받아 어쩔 수 없이 새로운 곳으로 가야만 하는 난민들이나 가난한 국가에서 기를 쓰고 국경을 넘어 부유한 국가로 들어가려는 이주민들 또한 생존을 위한 여행자라고 할 수 있다.

낯선 곳으로의 여행은 이렇게 고통을 수반한다. '여행'을 뜻하는 영어 단어 트래블travel의 라틴어 어원인 트라바일travail은 '고통' '고생' '위기' '걱정'이라는 뜻을 담고 있다. '어려움'을 뜻하는 트러블trouble, '고난'을 뜻하는 토일toil 등도 여기에서 파생했다. 도보나 가축을 이용해 구대륙 곳곳을 여행한 마르코 폴로나 이븐바투타❋의 여정을 생각해 보라. 근대의 탐험가들이나 순례자들도 마찬가지다. 지금이야 교통수단이 발달해 장거리 여행도 쉽게 할 수 있지만, 그들이 여행하던 때는 여행 자체가 고난의 연속이었을 것이다.

뒤에서 다시 살펴보겠지만, 일반적으로 '여행'은 '관광'과 뚜렷한 구별 없이 사용되고 있다. 하지만 엄밀히 따지면 이 둘은 다른 용어다. 어원의 차이가 의미의 차이를 짐작케 한다. '관광'을 뜻하는 영어 단어 투어tour의 라틴어 어원인 토머스tomus는 '원형' '돌아옴'이라는 뜻을 담고 있다. '우회'를 뜻하는 디투어

● 역사상 가장 위대한 여행자 중 한 명으로 꼽힌다. 모로코 탕헤르(Tanger)가 고향인 그는 14세기에 이슬람권 전역은 물론이고 인도, 중국, 서아프리카, 스페인 등 전 세계 곳곳을 두루 여행했다. 비슷한 시기에 활동한 마르코 폴로에 비해 덜 알려져 있는데, 최근 우리나라에도 그의 여행기가 번역되어 출간되었다.

detour, '윤곽'을 뜻하는 콘투어contour 등도 같은 어원에서 파생했다. 즉 여행은 떠남과 이동 자체에 중점을 두는 반면, 관광은 출발지로 돌아옴에 중점을 둔다. 여행이 상대적으로 좀 더 고된 이동인 것이다.

왜 사람들은 여행을 떠나기 시작했는가

우리에게는 여가를 위한 여행이 더 익숙하다. 대한민국을 포함해 선진국의 여유가 있는 사람들은 보통 여가와 견문 확장을 위해 여행을 꿈꾸고 실천한다. 이 같은 방식의 여행은 17세기 영국의 '그랜드 투어grand tour'가 시초다. 당시 영국의 귀족들은 유럽 문화의 원류인 그리스·로마 문화를 동경하며 일종의 문화적인 열등감을 지니고 있었다. 그래서 이를 해소하고자 그랜드 투어를 다녀오곤 했다. 하지만 마차나 도보 말고는 여행이 불가능했기 때문에 그들의 여행지는 유럽, 그것도 주로 이탈리아에 한정되었다.

19세기에 들어서면서 여가와 견문 확장을 위한 여행이 크게 증가했다. 영국에서 시작된 산업혁명의 성과가 노동자 계층에게도 확산되면서 경제력을 갖춘 사람들이 증가했기 때문이다. 여기에 열차 등의 교통수단이 발달하면서 단기간에 장거리를 이동할 수 있는 여건도 갖추어졌다.

2차 세계대전이 끝난 후에는 산업형 여행이 증가했다. 소위 '패키지관광'이 등장한 것이다. 그 결과 여행은 일종의 산업으로 탈바꿈하게 되었고, 자본주의 이념을 바탕으로 이윤을 추구하는 전문 여행사들이 등장했다. 현재 전 세계적으로 가장 널리 알려진 여행 정보 관련 토털서비스 업체 토머스 쿡도 이때 뿌리를 내렸다. 침례교 성직자던 토머스 쿡은 1841년에 세계 최초로 여행사를 설립했다. 근대 관광산업의 아버지로 불리는 그는 이 사업체를 통해 전문 가이드가 관광객들을 안내하는 여행을 가장 먼저 시작했다.●

19세기 이후 선진국에 산업화와 근대화의 바람이 불면서 전통 문화와 경관은 소멸하기 시작했고 산업형 관광은 점차 활성화되어 갔다. 자신들에게는 이미 사라져 버린 것들과 때 묻지 않은 순수한 것들 그리고 색다른 것들을 보고 싶다는 욕망이 장거리 여행으로 발현된 것이다. 문명을 갖기 이전에 지니고 있던 자신들의 순수한 모습을 찾고자 시간을 거슬러 과거로 돌아갈 수

● 19세기 말 일본에서도 이러한 움직임이 시작되었다. 한국인에게도 유명한 온천 관광지 벳푸(別府)의 기차역 광장에는 쿠마하치 아부라야(油屋 熊八)라는 사람의 동상이 자리 잡고 있다. 그는 19세기 말 벳푸에서 온천을 이용한 자본주의 관광산업을 본격적으로 시작하면서 가장 오래된 호텔인 카메노이 호텔을 건립했다. 이 호텔 로비에는 그 역사를 잘 보여 주는 사진과 설명이 전시되어 있다. 또한 그는 관광산업 육성을 위해 규슈(九州) 관통 도로 개설 계획을 수립했고, 안내양이 탑승한 투어 버스도 일본 최초로(어쩌면 세계 최초로) 도입했다.

는 없으니 아직 산업화를 겪지 않은 가난한 나라로 가서 순수하고 덜 훼손된 자연과 문화를 보고자 한 셈이다. 사회학자 존 어리는 이를 관광객의 시선Tourist's Gaze이라는 개념으로 설명한다.[1]

관광객들은 전통 유산을 지닌 어떤 여행지를 방문할 때 현지인들이 전통을 유지하고 있을 것이라는 일련의 기대감을 갖는다. 그리고 관광 회사와 지역 정부는 그러한 기대에 부응하여 경제적인 성취를 이룩하고자 관광객의 시선을 확대해 재생산한다.

그런데 순수한 타자는 실제로 존재하지 않는다. 있다고 하더라도 관광의 영역으로 들어오면 그 순수성은 훼손되기 마련이다. 타자 역시 자본주의 원리에 따라 생산의 과정을 거치기 때문이다. 산업으로서의 관광이 만들어지는 것이다. 있는 그대로의 타자가 아니라 수요자의 요구에 맞게 적극적으로 개조된 타자, 때로는 완전히 '발명'된 타자가 만들어지기도 한다. 소위 재현된 퍼포먼스라고 할 수 있다. 가령 관광객들의 편의를 위한 안락한 숙소나 기타 시설들이 만들어진다고 하자. 그러면 그를 소유한 선진국 기업이 관광객을 유치하기 위해 관광지 정부의 제도적 협조 하에 자본을 투자한다. 동시에 그 관광지에 원래 살고 있던

● Urry, J(1996). *Tourism, culture and social Inequality, In the Sociology of Tourism: Theoretical and Empirical Investigations*, ed. Apostolopoulos, et al., Routledge, pp.115-133.

주민들은 관광산업의 일꾼이라는 새로운 직업을 가진다. 이러한 일련의 과정을 거쳐 관광산업의 글로벌화* 가 빠르게 진행된 것이다.

여행과 관광은 어떻게 다른가

고난을 수반하던 전통적인 여행은 산업화와 근대화를 거치면서 관광산업으로 발전하는 한편, 대중화되었다. 그 결과 현대사회에서는 여행과 관광이 엄밀한 구분 없이 교차적으로 사용되고 있다. 하지만 앞에서도 말했듯이 여행과 관광은 비슷하면서도 분명하게 다른 용어다.

관광은 잠시 둘러보며 구경하고 즐긴다는 의미가 강하다. 자신이 떠나온 곳과 친숙한 곳에 머물면서 잠시 낯선 것을 경험하는 데 초점을 둔다. 새롭고 특이한 것을 경험하긴 하지만, 즐거움을 만끽하는 것이 우선적인 목표다. 편안한 숙소에서 지내며 가

● 한국에서 세계화라는 용어는 1990년대부터 본격적으로 사용되었는데, 당시에는 발전해 가는 한국 경제와 문화를 세계에 알려야 한다는 구호와도 같은 것이었다. 그런데 세계 각 지역과 사람들 간의 높아지는 상호 의존성과 연결성은 모든 지구촌 구성원들이 공통적으로 당면한 문제다. 이런 이유로 이 책에서는 세계화라는 자기중심적 용어를 탈피하여 글로벌화라는 가치중립적 용어를 사용하고자 한다.

능한 한 자신의 입맛에 맞는 음식을 먹으려 한다. 그래서 패키지 관광 상품 광고는 얼마나 고급 호텔인지나 얼마나 맛있는 음식인지 혹은 한식이 포함되었는지를 피력한다.

특히 패키지관광에는 재현된 퍼포먼스를 경험하는 일정이 포함된다. 이는 관광객들을 위해 볼거리들을 인위적으로 마련한다는 뜻이다. 우리가 관광을 산업이라고 부르는 이유가 여기에 있다. 선진국의 자본을 관광지에 투입해 관광객을 충족시킬 만한 관광자원을 개발하고, 관광객들로 하여금 소비하게 한다. 고급 호텔이나 리조트는 물론, 어떤 경우에는 현지 문화를 재창조해 관광 이벤트나 쇼를 만들기도 한다. 하지만 이들 대부분은 관광지에서 살고 있는 현지 사람들이 과거에 지니고 있던 생활양식인 경우가 많다. 그들의 현재와는 상당히 유리된 삶인 것이다.

물론 전혀 가치 없는 일이라고 단언할 수는 없다. 이것도 문화의 일부이기 때문이다. 하지만 재현된 퍼포먼스의 내용처럼 여행지에 사는 사람들의 현재 삶이 구성되어 있으리라고 착각해서는 안 된다. 또한 우리의 삶과 그들의 삶이 완전히 다르다는 전제를 깔고 그들을 접하거나 우리가 원하고 기대한 색다른 타자를 소비하는 것으로 끝난다면 그것은 그저 일탈을 즐겁게 경험하는 관광일 뿐이다.

반면에 여행은 객지를 두루 돌아다니며 그곳에 살고 있는 사람들 속으로 동참해 들어간다는 의미를 가지고 있다. 색다른 낯선 세계에 동참해 그 사람들의 독특한 생활양식과 문화를 접하고 이해하는 데 초점을 둔다. 재현된 퍼포먼스보다는 여행지의 삶을 있는 그대로 체험하는 것이다.

관광과 여행의 또 다른 차이점은 여정의 구체적인 계획 수립 여부다. 관광이든 여행이든 볼 것, 경험할 것을 미리 정해 놓음으로써 전체 여정을 짜기 마련이다. 하지만 관광은 정해진 시간과 가격에 꽉 찬 일정을 소화하는 것을 최고의 목표로 삼고 출발하기 전에 정해 놓은 여정(만)을 모두 성취해 내려고 한다. 패키지관광 상품의 일정표를 보면, 매시간 단위로 어디에 가서 무엇을 보는지, 무엇을 먹는지, 어느 호텔에서 숙박하는지 등의 여정이 상세하게 정해져 있다. 준비된 여정을 다 소화해 내는 것만으로도 상당히 벅차 보인다. 하지만 가이드와 관광객들은 모든 것을 성취하기 위해 부지런히 움직인다. 만약 그 여정을 다 소화하지 못하고 돌아오면, 관광객들은 불만을 제기한다. 심지어는 환불을 요구하는 관광객도 있다.

여행 역시 대략적인 여정을 짜서 무엇을 보고 체험할지 정하기는 한다. 하지만 반드시 계획한 것만 수행하고 돌아오지는 않는다. 마음과 머리를 열어 놓기 때문에 정해진 것 외에도 더 많은 것을 경험한다. 관광은 예기치 않은 경험을 최대한 막아서 안전성을 보장하려 하지만, 여행은 예기치 않은 경험을 적극적으로 수용해 만족감을 더 높이려고 하는 것이다. 따라서 여행자는

지리학자의 인문 여행

우리가 원하고 기대한 색다른 타자를 소비하기만 한다면,
그것은 그저 일탈을 즐겁게 경험하는 관광일 뿐이다.
여행이란 색다른 낯선 세계에 동참해
그 독특한 생활양식과 문화를
있는 그대로 체험하는 것이다.

계획한 여정을 제대로 수행하지 못하는 경우, 관광객과 달리 새로운 기회라고 생각한다. 그래서 여행자는 자기 스스로 주도해 계획하고 실행하며 문제를 해결할 줄도 알아야 한다. 2005년 여름, 백령도에 갇히면서 시작된 여행이 그러했다.

한여름 무더위가 기승을 부리던 8월 초의 어느 날, 인천항여객터미널에서 백령도행 여객선에 올라탔다. 애초에 계획된 2박 3일은 작은 섬 백령도를 구석구석 살펴보는 데 충분한 시간이었다. 다양한 형태의 해안 지형들, 심청이가 빠졌다는 인당수와 그 너머로 보이는 북한 땅 장산곶, 백령도 냉면, 신선한 해산물, 해병대 부대 방문까지 모든 일정들을 수행하기에 넉넉했다.

그런데 돌아오는 날 아침에 문제가 생겼다. 백령도 전체가 짙은 해무가 만든 하얀 어둠 속으로 잠기면서 인천행 여객선이 선착장에 묶인 것이다. 해무는 온종일 계속되었고, 다음 날 아침에도 마찬가지였다. 계획에 없던 이틀이 강제로 주어졌다.

처음에는 두려움과 무기력감이 엄습했다. 하지만 천천히 산에 오르고 바다에 조용히 낚싯대를 드리우며 사색의 시간을 가지면서 황당하던 기분은 점차 새로운 기회에 대한 반가움으로 바뀌었다. 또한 백령도의 지리와 주민들을 다른 시각으로 바라볼 수도 있었다. 섬인데도 불구하고 주민의 90퍼센트 이상이 농업에 종사한다는 점, 백령도 음식의 식재료는 100퍼센트 섬 안에서 생산된다는 점 등을 알아가면서 전날 먹은 백령도 순수 메밀 냉면에 이어 메밀 온면에 소금 대신 까나리액젓으로 간을 맞춰 먹었다. 북한과 대치하고 있는 상황인데도 전쟁이라는 말을 모르는 사람들처럼 삶에 몰두하며 분주하게 살아가는 최전선 주민들의 땀과 노력이 느껴지는 맛이었다. 이틀이 지나고서야 드디어 여객선이 출항했다. 갇힌 신세로부터 탈출했다는 안도감에 덤으로 주어진 이틀간의 시간이 준 흐뭇함이 더해져 미소가 번져 갔다.

관광객과 여행자가 낯섦을 대하는 자세

관광과 여행은 경계 너머의 환경을 수용하는 방식과 관련해서도 미묘한 차이가 있다. 관광은 경계 저쪽에서 겪을 불안감을 최소화하는 방향으로 이루어진다. 가능한 한 질서 있는 범위 내에서 새로움을 경험하도록 하는 것이다. 그렇다고 해서 경계 너머로 가서 마주하게 될 볼거리나 경험거리를 익숙한 것들로만 구성한다는 뜻은 아니다. 경계 너머의 볼거리나 경험거리는 당연히 낯설고 독특한 것들로 이루어지지만, 숙소와 음식만큼은 친숙하고 안전한 것들을 취하고자 계획된다. 기본적인 의식주만큼은 안전한 경계를 견고히 하고 그 내에 머물면서 새로운 것들을 경험하는 것이 바로 관광이다. 다시 말해 경계 너머의 낯선 무대에서 활동하지만 편안함과 안전함을 확보하기 위해 마음속 경계를 그대로 유지하는 것이 관광이 추구하는 기본 전제라고 할 수 있다.

물론 여행에도 경계는 존재한다. 하지만 이는 관광의 경계와 다르다. 이쪽과 저쪽을 분리하지 않고 구멍이 뚫려 있는 경계이기 때문이다. 즉 차단막이 아닌 연결 통로로서 늘 열려 있고 언제든 넘나들 수 있는 경계다. 그래서 여행을 하다 보면 위험에 노출되기도 하고, 불편한 경우가 생길 수도 있다. 관광이 낯익은 환경을 유지한 채 낯선 것들을 경험하려 한다면, 여행은 애당초 낯선 환경을 마다하지 않고 오히려 그 속에서 낯익은 것들을 찾아보려 하기 때문이다.

경계 너머의 문화를 어떤 관점으로 경험하는지에 있어서도 관광과 여행은 다르다. 관광은 경계 안쪽과 바깥쪽의 문화를 비교하며 살펴본다. 그때 비교의 기준은 경계의 안쪽, 즉 나(여기)의 문화다. 관광은 색다름을 향유하는 데 중점을 두기 때문에 계속 바깥쪽에서 경계의 안쪽에 없는 것들을 찾아내려고 애쓴다. 가령 선진국 사람들의 경우 제3세계 지역을 관광하면서 자신들의 과거를 발견하며 회한에 젖거나, 그들만의 독특한 환경과 문화를 확인하며 즐거워한다. 나와의 비교가 관광의 핵심인 것이다. 이러한 비교가 지나쳐 문화의 '차이'를 자칫 '우열'로 나누고, '열등한 타자'의 발견에 열을 올리는 경우가 있다. 동남아시아를 관광하는 한국의 일부 장년층들이 더운 환경과 그 속의 고단한 삶을 과거 자신들의 어렵던 시절과 비교하면서 열등하게 바라보는 경우가 그 예다.

한편 여행은 비교하지 않고 이해하려 한다. 시간적이고도 지리적인 맥락 속에서 상대방의 문화를 이해하려고 한다. 이때 이해의 기준은 나(여기)가 아닌, 그들(거기)이다. 여행지에서 살아가고 있는 현지 주민들의 입장에서 경험하고 생각하는 것이 바로 여행이다. 여행자는 다름을 확인하고 한 발짝 떨어져 비교하는 것이 아니라, 다름을 만든 주체들의 노력과 결과를 공감하고 그 가치를 이해한다. 더불어 그에 비추어 스스로의 가치를 발견해 낸다. 이것이 바로 여행의 핵심이다.

타자와의 만남을 통해 '나'를 발견하는 여정

2002년 한여름에 열대우림의 자연환경과 이슬람 문화가 적절하게 섞여 있는 말레이시아를 여행한 적이 있다. 수도 쿠알라룸푸르Kuala Lumpur에서 늦은 점심을 마친 후 일일투어 버스를 타고 메르데카 광장Merdeka Square으로 향하는 날이었다. 하늘은 맑았지만 습한 무게감이 느껴지는 바람이 불고 있었다. 드디어 광장에 도착했다. 그런데 갑자기 먹구름이 하늘을 뒤덮더니 비가 쏟아져 내리기 시작했다. 억수라는 말이 딱 어울리는 비였다.

비는 아열대 지역에서 흔히 겪을 수 있는 한낮의 대류성 강우인 스콜이었다. 내가 스콜을 체험해 보기는 처음이었다. 하지만 그런 내 눈을 사로잡은 것은 스콜 자체가 아니라 그 현상을 대하는 사람들의 낯선 움직임이었다. 버스 기사는 이슬람 무어 양식으로 건축한 술탄압둘사마드Sultan Abdul Samad 건너편에 버스를 세워 둔 채 아무 말 하지 않고 가만히 있었다. 행인들은 가던 걸음을 멈추고 건물의 아치형 통로 속으로 들어가 이야기를 나눴다. 한국에서라면 상점 가판대에 우산이 신속하게 진열되고, 당황한 사람들이 급히 우산을 사고는 가던 길을 갈 텐데, 여기 쿠알라룸푸르에서는 모든 것이 멈춰 있었다.

20~30분 정도 지나고 맑은 하늘이 나타나자, 세상이 거짓말처럼 다시 움직였다. 알록달록한 히잡으로 치장한 여인들이 거리로 나와 길을 걸어갔고, 도로 위의 차들이 움직이기 시작했다. 버스 안에서 나는 그 짧은 시간 동안 현지 주민들의 여유로운 변화를 경이롭게 바라봤다. 스콜과 열대의 풍요로움이 이슬람 문화에 중첩되어 펼쳐지는 독특한 문화경관이었다. 한국에서는 절대 볼 수 없는 경관이었다.

여행은 스스로의 정체성을 확인하고 재구성하는, 즉 자기를 바로 알고 새로운 '나'를 만들어 가는 작업이다. 자기가 누구인지 알기 위해 자기 속으로 들어가 스스로를 들여다보고 그 존재의 특성을 파악하는 것은 사실 무척 어려운 일이다. 그런데 자아가 비교적 손쉽게 드러나는 경우가 있다. 바로 다른 존재를 마주하는 일이다. 나와 그 존재가 어떻게 다르고 어떻게 관계를 맺고 있는지 파악하는 과정 속에서 숨어 있던 자아가 슬며시 그 모습을 드러낸다. 이는 자신의 정체성을 새롭게 정립할 수 있는 바탕이 된다.

흔히들 여행은 힐링이라고 한다. 일상에 지친 몸과 마음에 휴식을 주고, 재충전의 기회를 주는 것이 바로 여행이라는 말일 것이다. 그런데 사실 힐링을 위해 굳이 여행을 갈 필요는 없다. 편안한 휴식은 익숙한 장소에서 더 잘 이루어질 수 있기 때문이다. 프랑스 작가 미셸 옹프레는 그의 책 『철학자의 여행법』에서 다음과 같이 말한다.

여행은 우리에게 치료제로 작용하기보다는 우리 존재에 대해서 정의해 주고, 우리가 존재할 수 있는 방법을 찾게 해준다. …… 우리는 자아를 치유하기 위해서 여행하는 것이 아니다. 자아에 더 익숙해지고 더 강해지고 더 잘 느끼고 더 자세히 알기 위해서 여행하는 것이다.

_미셸 옹프레, 『철학자의 여행법』•

● 강현주 옮김, 세상의모든길들(2013), 107-108쪽.

정체성은 고정되고 영속적인 것이 아니다. 외부와의 관계 속에서 늘 새롭게 구성된다. 그리고 나는 그 속에서 세상은 모두 다르면서도 같다는 깨달음을 얻게 된다. 『마크 트웨인 여행기: 때 묻지 않은 사람들의 세계로 떠난 여행』에는 다음과 같은 구절이 실려 있다. "여행은 편견, 고집과 편협한 정신에는 치명적이다. 그래서 많은 사람은 여행을 필요로 한다. 사람과 사물에 대한 따뜻하면서도 해박한 식견은 평생 지구의 한구석에 처박혀 있는 것으로는 얻어질 수 없다."

그래도 종이지도는
필요하다

여행 안내서와 여행자의 에세이는 매년 쏟아져 나온다. 특히 대학생들의 여름방학 직전인 봄 학기에는 어김없이 수많은 여행 서적이 출간된다. 내가 근무하는 대학의 중앙도서관 1층의 가장 접근성이 좋은 부분에는 아예 여행 안내서 섹션이 마련되어 있다. 도서관의 소장 자료들 중 학생들이 가장 많이 보는 것이 여행 안내서이기 때문이다. 하도 인기가 좋으니 이렇게 1인 장기 대출을 막고 여러 사람들이 이용할 수 있도록 전문 섹션을 마련해 놓고 있다.

안내서가 추천하는 여행이 즐겁지 않은 이유

최신 정보를 수록한 여행 안내서들은 여행에 접근하는 방식과 그에 대한 감흥을 나름대로 기술하고 권한다. 하지만 여행을 준비하는 모든 사람에게 절대적인 기준이 될 수는 없다. 다만 참고 자료가 될 뿐이다.

세계에서 가장 많이 팔리고 있는 여행 안내서인 『론리플래닛 Lonely Planet』●은 여행 지점, 교통, 숙박, 음식, 즐길거리 등과 함께 해당 여행지의 지리, 역사, 현지 문화 특성, 에티켓 등의 기초 지식도 체계적으로 다루고 있다. 하물며 동성애자들을 위한 정보들도 상세히 기록하고 있어 광범위한 독자층으로부터 사랑을 받고 있다. 또한 영문판으로만 출간되어 한국 독자들이 이용하기에는 다소 불편했으나, 10여 년 전부터는 한국인에게 인기 있는 여행지에 관한 책이 우선적으로 번역되고 있다. 나 역시 이 시리즈 번역에 일부 참여했고, 이 책을 지침 삼아 여행했다. 그러

● 론리플래닛의 창시자인 휠러 부부(Tony Wheeler&Maureen Wheeler)는 영국에서 호주까지 자신들이 실제로 배낭여행한 경험을 바탕으로 1973년에 첫 번째 책 『어크로스 아시아 온 더 칩 (Across Asia on the Cheap)』을 출간해 여행 안내서의 새 장을 열었다. 이 시기는 서구 사회에서 자유배낭여행이 서막을 여는 때라고 할 수 있는데, 첫 번째 책의 제목에서도 짐작할 수 있듯이 저렴한 비용의 배낭여행을 목표로 했다는 점에서 가히 배낭여행의 바이블이라고 할 만하다. 이후 선진국과 제3세계를 망라해 각 국가별 및 지역별 안내서는 물론, 주요 도시별 안내서와 시베리아 횡단열차 같은 주제별 안내서도 계속해서 만들어 내고 있다. 그리고 각 안내서 모두 일정 기간이 지나면 최신판으로 내용을 교체하며 계속 출간하고 있다.

다 보니 이 책이 상당히 서구 중심적으로 구성되어 있다는 것을 깨달았다. 아무래도 영국인과 미국인을 주요 필진으로 하고 아주 가끔 현지에 사는 사람들이 집필에 참여하다 보니 생긴 결과가 아닐까?

베트남 음식을 예로 들어 보자. 흔히 쌀국수로 알려진 포와 분짜, 짜조 등으로 대표되는 베트남 음식은 육식과 채식이 깔끔한 양념으로 절묘하게 결합되어 독특한 모양과 맛을 자아낸다. 각종 탕류 같은 국물 음식에 익숙한 한국인에게는 산뜻하면서도 깊은 베트남 쌀국수의 국물 맛이 매력적으로 다가온다. 하지만 『론리플래닛』에서는 이러한 국물의 맛보다는 다양한 채소 토핑과 양념이 조합을 이루고 있는 모습에 대해 상세하게 기술한다. 국물 음식에 알록달록한 갖은 채소가 듬뿍 들어가 있는 모습은 서양에서는 보기 힘든 조합이긴 하다. 추정해 보건대, 서구의 음식 토핑 문화를 바탕으로 베트남 음식을 바라보고, 서구인들의 기호와 호기심을 반영해 베트남 음식을 소개한 것이 아닐까?

그러니 서구 사회에서 가장 널리 읽히는 여행 안내서라고 해서 우리에게도 잘 들어맞는다고 과신하는 것은 금물이다. 세계관이 다른 책에서 극찬하는 정보와 나의 취향은 맞지 않을 수 있다. 한국에서 만들어진 여행 안내서들도(사실 이들 중에는 일본에서 간행된 여행 안내서와 유사한 것들도 있다) 마찬가지다. 누구나 한번쯤 여행 안내서에서 극찬한 음식점에 애써 찾아갔다가 취향에 맞지 않아 실망한 적이 있을 것이다. 근사하게 소개된 볼거리지만 정작 가보면 너무도 평범하거나 무척 초라해 헛웃음이 나오는 경우도 있다.[●] 물론 모든 장소와 그 안의 흔적은 나름대로의 이유가 있고, 누군가에게는 매력적으로 다가갈 수 있으므로 함부로 폄하할 수는 없지만 말이다.

주민들은 모르는 호보켄의 명물, 〈플랜더스의 개〉 동상

언젠가 유럽여행을 준비하면서 이것저것 자료를 찾던 중 무척 흥미로운 여행지 하나가 눈에 꽂혔다. 벨기에 앤트워프 Antwerp(안트베르펜)에서 차로 약 30분 거리에 있는 호보켄Hoboken 이라는 마을이었다. 이곳에 가면 만화영화 〈플랜더스의 개〉의 주인공, 네로와 파트라슈의 동상이 있다. 〈플랜더스의 개〉는 과거 80년대에 우리나라에서 큰 인기를 끌며 방영되었는데, 아마도 중년을 넘긴 한국인이라면 어렴풋이나마 기억할 것이다. 나 역시 이 여행지 소개글을 보고 당시 한국 사람들에게는 생소한

● 소위 유럽 3대 허무 관광지, 속칭 '3뻥'이라는 인터넷 소개글이 눈에 띈다. 바로 벨기에 브뤼셀(Brussels)의 〈오줌싸개〉 동상, 덴마크 코펜하겐(Copenhagen)의 〈인어 공주〉 동상, 독일 라인강의 로렐라이(Lorelei) 언덕이다. 한국인에게 매우 잘 알려진 이 관광지들은 그 명성에 비해 대단히 소박하고 초라해 많은 사람이 실망감을 드러내곤 한다.

서유럽의 전원 속에서 주인공들이 뛰놀던 모습이 경쾌한 리듬의 주제가와 중첩되면서 머릿속에 떠올랐다.

네로와 파트라슈의 동상은 여러 여행 안내서 중 단 하나의 안내서에만 소개되어 있었다. 심지어 여행 안내서의 바이블이라 일컬어지는 『론리플래닛』에도 누락되어 있었다. 『론리플래닛』도 놓치고 있는 진귀한 보물을 손에 쥐었다는 기대감에 나는 부푼 마음을 안고 동상을 찾아 나섰다. 마침내 호보켄에 도착해서는 크지 않은 마을의 규모를 보고 쉽게 동상을 찾을 수 있으리라 생각했다. 하지만 생각만큼 쉽지 않았다. 동네 주민들에게 길을 물어도 모른다는 답만 돌아왔다. 우여곡절 끝에 겨우겨우 동상을 찾았을 때는 실망만 하고 말았다. 무척 작은 크기에다가 대충 만든 무성의마저 느껴졌기 때문이다. 게다가 구경하러 온 사람은 내 일행밖에 없었다. 일본인으로 보이는 사람들 몇몇이 먼발치에서 서성거리고 있을 뿐이었다.

집으로 돌아온 후 도대체 어찌된 일인지 궁금증을 풀고자 동상에 대한 정보를 찾아보았다. 그 결과 호보켄 지방정부가 관광객 유치 차원에서 일본의 한 텔레비전 방송국과 합작해 〈플랜더스의 개〉 동상을 만들었다는 웃지 못할 배경에 대해 알게 됐다. 『플랜더스의 개』는 영국의 소설가 매리 루이스 드 라 라메(필명 위다)가 1872년에 출간한 소설이다. 1975년에 일본에서 만화영화로 제작되어 선풍적인 인기를 끈 뒤, 한국에서도 방영되며 큰 인기를 얻었다. 정작 유럽에서는 별 주목을 받지 못한 소설이 1세기가 지난 후 만화로 각색되어 일본과 한국에서 큰 인기를 누린 것이다. 그 결과 만화에 감동을 받은 일본인들에게 작품의 무대인 플랑드르 지방은 가보고 싶은 여행지로 부상했고, 실제로 많은 일본인이 찾기 시작했다. 이에 고무된 호보켄 지방정부는 일본의 한 텔레비전 방송국과 합작해 주인공들의 동상을 세웠다. 그렇게 그곳 주민들은 잘 모르는, 하지만 지구 반대편의 일본인과 한국인이 오히려 잘 아는 희한한 관광명소가 만들어진 것이다. 이런 내력을 알지 못한 나는 만화영화만 생각하고 갔으니 헛웃음이 나올 만도 하다.

여행 안내서 말고도 여행에 참고할 만한 자료들은 무척 많다. 자칭 타칭 여행 전문가라는 사람들과 작가들의 여행기가 여러 형태의 책자나 신문, 잡지의 칼럼 그리고 인터넷 블로그를 통해 봇물처럼 쏟아져 나오고 있다. 여기에 일반 여행자들도 가세해 저마다의 색채를 지닌 여행기를 인터넷에 띄우거나, 여행 관련 카페에 공유하고 있다. 유명 관광지의 경우 관련 정보나 반복되는 내용들이 홍수를 이루어 식상할 정도다.

최근에는 여행 관련 텔레비전 프로그램도 넘쳐 난다. EBS 〈세계테마기행〉이나 KBS 〈걸어서 세계 속으로〉같이 깊이 있는 답사와 탐험으로 구성된 전문 여행 프로그램부터 유명 연예인들의 여행을 소재로 하는 프로그램까지 그 내용과 구성이 무척 다

여행 안내서의 바이블도 놓치고 있는 진귀한 보물을
손에 쥐었다는 기대감에
나는 부푼 마음을 안고 동상을 찾아 나섰다.
하지만 겨우겨우 찾은 것은 무척 작고 초라한 동상이었다.
그곳 주민들은 잘 모르는, 지구 반대편 일본인과 한국인이
오히려 잘 알고 있는 희한한 관광명소였다.

양하다. 아예 스물네 시간 동안 여행만 다루는 케이블 방송 채널도 있다. 인터넷에는 동영상 자료가 더욱 풍성하다. 유튜브에 지역명을 쳐보면 정말 다양한 동영상들이 쏟아져 나온다. 게다가 기술이 빠른 속도로 고도화되면서 화질 또한 뛰어나다. 정지된 사진과 활자로 구성된 서적들과 달리 동영상은 마치 현장에서 보고 듣는 것 같은 생생함을 전해 준다. 실제보다 더 멋지게 찍힌 것도 많아 동영상에 이끌려 현지에 가면 화면보다 초라한 모습을 보고 놀랄 수도 있다.

그런데 홍수를 이루고 있는 여행 정보 중에는 의외로 그릇된 정보, 잘못 이해한 정보, 내 취향에 맞지 않는 정보가 많다. 이 중에서 내게 맞는 정보를 찾아내는 작업은 어렵다. 차라리 객관적이고 정확한 사실만이라도 제대로 알 수 있다면 다행이다. 결국 여행자는 무엇을 취할지 주의 깊게 고민해야 한다.

객관적이고도 정확한 여행법, 지도 놀이

다양한 축척의 지도들을 들여다보면 객관적이고 정확한 사실을 파악하는 데 큰 도움이 된다. 구글 어스나 구글 맵 같은 인터넷지도는 고정된 축척을 지닌 종이지도와 달리 한 화면상에서 손끝의 터치만으로 넓은 지역을 한 번에 펼쳐 보거나 좁은 지역을 확대해서 자세히 들여다볼 수 있어 무척 편리하다. 반면에 종이지도의 경우, 넓은 범위에 걸쳐 여행할 때면 그 지역 전체를 한눈에 볼 수 있는 소축척지도와 좁은 지역을 상세하게 볼 수 있는 대축척지도를 여러 장씩 들고 다녀야 하는 불편함이 있다.●

  인터넷지도는 한 화면 내에서 축척을 자유롭게 조절해 확대 및 축소하면서 볼 수 있어 참으로 편리하다. 더군다나 고도, 거리, 위치 등 지리 정보를 수치로 표시해 주고 지형 특성도 보여준다. 숙소나 음식점 등 편의시설의 위치도 한눈에 볼 수 있게 해준다. 출발과 도착 지점을 입력하면 가는 여정과 교통편까지 안내해 주기도 한다. 심지어 각 지역과 장소의 이름을 클릭하면 지리, 역사 지식과 기타 정보가 담겨 있는 사이트로 직접 연결되어 상세한 정보를 얻을 수 있다. 특히 거주자나 여행자가 한 지역의 특정 장소를 직접 촬영해 마음껏 사진을 올릴 수 있어 누구라도 현장의 생생한 모습을 언제든지 감상할 수 있다. 극지방이나 열대우림의 한가운데에 이르기까지 일반 여행자가 쉽게 접근하기 어려운 곳의 사진도 말이다.

● 실제 거리를 지도상의 거리로 축소한 비율을 축척(scale)이라고 한다. 지도의 축척이 1/50,000이라는 것은 지도의 1센티미터의 거리가 실제로는 50,000 센티미터, 즉 500미터임을 의미한다. 가령 A4 용지 두 면을 가득 채우는 세계지도의 축척은 대략 1/93,000,000이다. 반면에 같은 지면을 한반도로 채우면 그 축척은 1/2,700,000, 서울은 1/110,000, 서울 신촌 지역은 1/5,000다. 따라서 세계지도같이 축소를 많이 한 지도는 축척의 분수 값이 작아지기 때문에 소축척지도라고 하고, 한국지도처럼 상대적으로 덜 축소한 지도는 분수 값이 커지기 때문에 대축척지도라고 한다.

그런데 인터넷지도가 디지털 기술의 산물이라는 이유로 종이지도보다 '항상' 정확하다는, 다소 맹목적인 편견이 일반인들에게 퍼져 있는 듯하다. 일종의 '디지털 정보 맹신주의'라고 할 수 있다. 어떤 사람들은 인터넷 홍수 시대의 모든 정보가 스마트폰 안에 있으므로 이제 종이로 된 자료의 시대는 끝났다고 극단적으로 주장한다. 인터넷지도가 그 정보 자체의 진위 여부와는 별개로 편리하다는 점 때문에 그 파급력이 더욱 막강하고 광범위하다는 점은 인정할 수밖에 없다. 하지만 과연 정확성을 담보하고 있느냐의 문제는 깊이 따져 보아야 한다.

저널리즘 학자 메레디스 브루사드는 인터넷 기술과 정보에 대한 맹신을 '기술쇼비니즘technochauvinism'이라고 불렀다.[●] '기술쇼비니즘 시대에 종이지도는 과연 과거의 유물로 사라질 것인가'라는 물음에 그녀는 종이지도가 독특한 장점이 있기 때문에 살아남을 것이라고 단언했다. 인지연구가들은 얕은 지식과 깊은 지식을 구분한다. 편안한 여행을 추구하는 여행자는 길 찾기 정도의 얕은 지식만으로도 충분히 여행할 수 있다. 그러나 때로는 깊은 지식이 앎의 유희를 높여 줌으로써 여행을 좀 더 풍요롭게 해주기도 한다. 이때 지도는 여행의 목적지 간 이동에 도움을 주는 얕

● Broussard, Meredith(2018), *Artificial Unintelligence: How Computers Misunderstand the World*, Cambridge, MA: MIT Press.

은 지식을 전하는 나침반이면서 동시에 목적지 간의 맥락을 파악하게 해주는 깊은 지식이자 지리적 상상력의 보고가 된다.

우리는 각자가 거주하고 있는 어느 도시나 마을의 '지리'를 잘 알고 있다. 내 삶의 터전이기 때문에 그곳에 대한 지식은 평소의 경험을 통해 일상의 지식으로 승화되어 있다. 깊은 지식이 되어버린 것이다. 하지만 여행을 통해 단 며칠 동안만 방문하게 되는 외국의 어느 도시나 마을에 대해서는 같은 수준의 깊은 지식을 가질 수 없다. 일상적 경험이 아닌 관념적 공부를 통해, 즉 현지의 오감이 아닌 이성을 통해 그곳에 대한 지식을 조금 쌓을 뿐이다. 따라서 내가 살고 있는 도시와 여행하는 도시에 대한 심상지도가 그 해상도에 있어 큰 차이를 보이는 것은 당연하다.

그런 의미에서 여행할 때 특정 도시, 국가, 대륙 전체를 아우르는 종이지도를 수시로 살펴보길 추천한다. 여행의 경로만이 아니라, 특정 지점으로서의 장소나 경관의 지리적 위치 그리고 그것들을 둘러싼(그것들이 처해 있는) 지리적 맥락의 특성까지 파악할 수 있기 때문이다. 이를 통해 여행지에서 마주하게 되는 장소와 경관들이 퍼즐처럼 맞춰지면서 앎의 희열은 더욱 커질 것이다. 마치 먼발치에서 숲 전체의 특성을 조망한 후 그 숲으로 들어가 여기저기를 돌아다니면, 큰 맥락 속에서 각각의 위치와 특성이 쉽게 머릿속에 그려지는 것과 마찬가지다.

우리는 특정한 대상의 시각 정보를 인지지도로 새겨 넣을 때,

그 대상을 단독으로 수용하는 것이 아니라 그 대상의 주변에 관한 정보도 연결시켜 수용한다. 카페에서 친구와 만나는 일을 생각해 보라. 좌석과 의자, 진열된 커피와 관련 용품들, 주문대와 바리스타들의 커피 제조 공간, 시원한 통창을 통해 내다보이는 바깥 풍경, 독특한 조명과 냄새 등 이 모든 것의 어우러짐 속에 나의 좌석이 자리 잡고 있다. 여행도 마찬가지다. 나의 현재 위치를 주변 경관의 어우러짐 속에서 파악한다. 이런 점에서 인터넷지도는 이리저리 조작이 가능하기 때문에 여행의 혼란을 증폭시킬 수 있다. 하지만 종이지도는 큰 지면에 고정된 정보를 담고 있음으로써 오히려 가독성이 높다. 강과 산의 흐름, 도시와 국가의 위치, 교통로 등의 정보만을 담고 있는데도 그 맥락을 훨씬 잘 파악할 수 있다.

이처럼 전체의 맥락을 간단하게 보여 주는 종이지도는 머릿속 인지지도를 만들고 그 관련 지식을 계속 붙들어 매는 데 도움을 준다. 또한 지도를 펴고 접고 손가락을 종이에 대며 살피는 촉각적 육체 활동은 우리의 두뇌를 더 강하게 자극해 인지지도를 만들고 유지하는 데 큰 효과를 준다는 사실이 실험에 의해 밝혀진 바 있다.[●]

● Hou, J., et. al.(2017), *Cognitive map or medium materiality? Reading on paper and screen*, *Computers in Human Behavior*, vol.67, pp.84-94.

나는 지도를 살피는 것을 '지도 놀이'라고 부른다. 여행의 현장으로 들어가 직접 경험하기 전에 이 넓고 깊은 세상을 두루두루 살피는 데는 이 지도 놀이만큼 좋은 것이 없으며, 그 재미도 쏠쏠하다. 문서화되고 영상화된 여행 정보의 홍수 속에서 확실한 사실들만을 경험하고 싶다면, 또 자칭 타칭 여행 전문가들의 현란하고 감정적인 유희에서 벗어나 담백하고 객관적인 사실들을 우선적으로 접하고 싶다면 이 지도 놀이에 빠져 볼 것을 추천한다.

여행을 간단하게 정의하면 여행자가 낯선 장소를 만나는 일련의 과정이라고
할 수 있다. 여행은 크게 장소와 여행자로 구성된다. 장소는 자연경관과 문화
경관이자, 그 속에서 살아가는 현지 주민들이 상호작용을 통해 만들어 가는 역
동적인 실체다. 이 세상의 모든 장소가 제각각 독특한 모습과 특성을 지닐 수
밖에 없는 이유다.

2부

장소에서
의미를 끄집어내면
여행이 즐겁다

몰랐던 나 자신을 발견하는
경계상의 공간, 공항

어린 시절 나에게 비행기는 동경의 대상이었다. 그 속에 내가 앉아 새처럼 먼 곳으로 가는 모습을 상상하면 그야말로 짜릿했다. 어마어마한 크기의 육중한 쇳덩어리인 비행기를 가까이에서 본 뒤에는 그 신기함과 기대감이 더욱 고조됐다.

경계의 안쪽도 바깥쪽도 아닌 전이적 장소, 공항

비행기를 타고 내리는 공항은 단순한 출발과 도착의 장소가 아니다. 기차역, 항구, 버스터미널도 마찬가지다. 그 자체로 독특한 문화를 지닌 커다란 조직체다. 공항은 항상 분주하게 오가는 사람들로 가득하다. 일명 공항 패션으로 차려입은 달뜬 얼굴의 여행자들은 보는 이들조차 마음을 들뜨게 한다. 쾌적하고 드넓은 공항에는 각종 상업 및 서비스 시설들이 가득 들어차 있다. 그래서인지 그곳에 가는 것만으로도, 가서 그 틈에 섞이는 것만으로도 일상으로부터 벗어나는 것 같다. 이를 지리학적으로는 전이적 장소●라고 부른다.

전이적 장소는 경계의 안쪽도 아니고 바깥쪽도 아닌, 경계에 놓인 장소를 말한다. 공항, 기차역, 항구, 버스터미널처럼 경계 안쪽과 경계 너머를 연결해 주는 통로 역할을 하는 장소가 이에 해당한다. 이러한 통로로서의 장소에서는 다양한 배경의 사람들이 모여들어 통과의례를 치른 후, 각자의 목적지를 향해 흩어져 나간다. 이곳을 거치는 모든 여행자는 그동안의 평범하고 익숙한 일상을 출발지에 남겨 놓은 채 마음을 가다듬고 새로운 곳의 일들을 상상한다. 그러한 여행자의 마음은 순례자의 의식과 다

● 전이성(轉移性)이란 시공간이 변화하는 과정과 이에 수반되는 상태의 변화를 의미하는 개념이다. 하루 중 낮과 밤이 교차하는 시간, 한 개인이 탄생에서 사망에 이르기까지 유년기, 소년기, 청년기, 중년기, 노년기 등의 시기에서 다음 시기로 변해 가는 과도기 등을 전이적 시간이라고 할 수 있다. 공간적으로는 이곳에서 저곳으로 넘어가는 과정과 그에 따라 상태가 변화하는 경계상의 장소를 전이적 장소라고 한다. 인간은 시간적으로 계속 변해가는 존재이고, 공간적으로 경계를 넘나들며 계속 움직이는 존재이기에 전이적 존재라고 할 수 있다. 게다가 늘 떠남을 꿈꾸고 실천하면서 머무름과 흐름의 연결 지점인 전이적 장소를 경험한다. 전이적 장소 위에 선 전이적 존재인 것이다.

를 바 없다.

이곳도 저곳도 아닌 전이적 장소의 성격은 국제공항의 출국 심사대 바깥에 자리 잡은 면세점을 통해 극명하게 드러난다. 면세점은 일상에서 쉽게 접할 수 없는 고가의 상품들을 화려하고 맵시 있게 전시해 놓는다. 그런데 경계에 위치해 세금을 부과할 주체가 모호하다 보니 면세의 혜택이 주어진다. 그 사실만으로도 여행자들은 가격이 괜찮다고(?) 생각한다. 그렇다 보니 출국 심사대 바깥, 즉 모든 여행자가 지나가야만 하는 가장 좋은 길목에 자리 잡은 이 장소는 사람들의 발길이 끊이지 않는다. 전이적 장소이기에 가능한 독특한 경관과 행태가 펼쳐지는 것이다.

이러한 면세 거래는 비행기 안에서도 이루어진다. 하늘에 붕 떠있는 쇳덩어리 역시 전이적 장소이기 때문이다. 이곳도 저곳도 아닌 제3의 공간에서 설렘과 두려움을 일시적으로 떨쳐 낸 무중력의 시간은 출발지의 출국 심사대를 통과한 후부터 도착지의 입국 심사대를 통과할 때까지 유지된다.

오늘날 교통 및 통신의 발달로 글로벌화가 빠르게 진행되며 국경을 가로지르는 교류가 전례 없이 활발하다. 이에 따라 세계 각 지역들은 지구촌이라 불릴 만큼 서로 긴밀하게 연결되고 있다. 국경을 넘나드는 일이 그만큼 쉬워진 것이다. 한국인만 보더라도 세계 166개국에 자동 입국이 가능한 아주 쓸모 있는 여권을 가지고 있어 마음만 먹으면 쉽게 국경을 넘는다. 하지만 아직

공항을 거치는 모든 여행자는
그동안의 평범하고 익숙한 일상들을 출발지에 남겨 놓은 채
마음을 가다듬고 새로운 곳의 일들을 상상한다.
그러한 여행자의 마음은 순례자의 의식과 다를 바 없다.

도 출국과 입국 심사대를 통과하는 일은 여간 신경 쓰이는 일이 아니다. 언제쯤이면 버스 타고 이웃 동네에 가듯 국경을 넘나들 수 있을까? 과연 그런 국경 넘기가 가능할 날이 오기는 할까?

세계 최강의 여권으로도 넘지 못할 뻔한 프랑스 국경

2006년에 프랑스의 카르카손Carcassonne 공항에서 황당한 일을 겪었다. 카르카손은 중세 말 1100년대에 세워진 성벽이 도시 전체를 둘러싼, 프랑스 남부의 유서 깊은 요새 도시다. 동화에나 나올 법한 예쁘장한 모습을 지니고 있는 이 도시는 유네스코 지정 세계문화유산으로 등재되어 있다. 이런 이유로 농촌 지역 한가운데에 위치한 한갓 작은 도시에 불과한 이곳은 공항까지 갖추고 있을 정도로 유럽에서는 인기 있는 여행지로 알려져 있다.

우리 일행은 프로방스 여행의 마지막 일정으로 이 도시를 둘러본 후 런던으로 날아가려 했다. 공항의 항공사 카운터에 도착해 런던행 비행기의 예약 확인서와 여권을 내밀었다. 그런데 이게 웬일인가. 담당 직원은 여권을 펴보더니 영국으로 들어가려면 비자가 필요하니 보자고 했다. 대한민국 여권 파워를 모르다니……. 나는 벙싯벙싯 미소를 지으며 대한민국은 남한과 북한 두 나라가 있는데 우리는 남한에서 왔고 그래서 무비자 입국이 가능하다고 말해 주었다. 하지만 그 직원은 이해를 하지 못한 채 어디론가 전화를 했고, 이내 다른 직원이 오더니 우리를 근처 안내 사무실로 데리고 갔다. 하지만 그곳 직원들도 헤매기는 마찬 가지였다. 우리의 여권을 보면서 이야기를 주고받더니 이리저리 전화를 해댔다. 우리는 그렇게 비행기 출발 시간이 임박해 오는 가운데 사무실에 억류되어 버렸다.

이민국 직원으로 보이는 한 남자가 들어오고 나서야 일은 마무리되었다. 물론 바로 해결되지는 않았다. 직원들은 우리의 초조함은 안중에도 없는 듯 프랑스식 뽀뽀 인사를 요란하게 주고받고 나서야 이야기를 계속해 나갔다. 알아들을 수 없는 프랑스어 대화였지만, 대한민국이라는 뜻의 '꼬레Corée'라는 말은 여러 번 반복되어 분명히 알아들을 수 있었다. 이민국 직원은 '꼬레'는 북쪽과 남쪽이 분리되어 있다고 설명하는 듯했고, 듣는 사람들은 때로는 심각하게, 또 때로는 웃으며 대화를 이어 나갔다. 그리고 억류된 지 약 한 시간이 지나고 나서야 안내소 직원은 우리에게 "문제없네요. 미안해요."라고 말하고는 다시 카운터로 가라고 했다. 우리는 다행히 비행기에 탑승할 수 있었고, 안도의 한숨을 내쉬며 초조함으로 가득하던 공항을 벗어날 수 있었다.

나중에 그날의 사건을 되새기며 남한과 북한의 공식 명칭이 무엇인지 찾아보았다. 북한의 공식 영어 국가명은 'Democratic People's Republic of Korea(DPRK)'고, 남한은 'Republic of

Korea(ROK)'다. 우리에게도 익숙한 이 영어식 명칭은 첫 단어가 분명히 다르기 때문에 혼란을 덜 야기한다. 하지만 프랑스어식 명칭은 좀 다르다. 프랑스어로 남한은 'République de Corée'이고 북한은 'République populaire démocratique de Corée'다. 프랑스 남부 지역 공항 직원들의 혼동도 어느 정도 이해가 가는 대목이다. 둘 다 République로 시작되고 Corée로 끝나니 같은 국가의 다른 표현 혹은 축약된 표현이라고 누구든지 착각할 수 있을 것 같다.

그 직원들이 한반도가 분단되어 있다는 사실 자체를 몰랐는지 아니면 한반도가 둘로 갈라져 있다는 것은 알지만 정확히 구별하지 못했던 것인지 나는 알지 못한다. 다만 그들이 여행자인 나의 국경 넘기를 방해했고, 내게 초조함과 두려움을 가져다주었다는 점은 분명하다. 무엇보다 남한과 북한 간의 견고한 국경을 한국인인 내가 해외여행 중에 절감했다는 점이 내게 진한 여운을 남겼다.

여행자는 자신의 몸속에, 즉 마음속에 국경이 내재되어 있다. 지리적 경계의 안쪽이나 바깥쪽 어디로든 마음속의 국경은 지워지지 않은 채 항상 여행자와 함께한다. 피할 수 없는 국가 소속감을 가지고 있는 것이다. 이렇게 여행자의 몸과 함께 이동하는 국가와 국경은 여행자 자신을 항상 경계상의 존재로 사고하게 하고 행동할 수밖에 없도록 만든다. 글로벌화 시대에도 국경의 위상은 변함없이 굳건하다.

분단국인 대한민국의 현실은 제3세계 국가를 여행할 때나 과거 공산권이던 국가를 여행할 때 더욱 깊이 체감한다. 여행자인 '나'는 그저 나일 뿐이지만, 먼 곳에 사는 사람들에게 '나'는 내가 소속된 국가와 동일시되는 손님이다. 그들에게 대한민국이 주는 가장 강렬한 이미지는 남과 북의 분단 상황이다. 그 때문에 사람들은 종종 내가 남한 사람인지 북한 사람인지 그 경계를 분명히 가르기 위해 질문을 던진다.

한때 공산권 국가이던 조지아 트빌리시Tbilisi에 갔을 때다. 택시 운전사는 낯설게 생긴 승객인 나에게 어디서 왔냐고 물었다. 내가 한국에서 왔다고 하자, 이제는 남쪽인지 북쪽인지를 물었다. 시베리아 횡단열차에서도, 우즈베키스탄의 시장에서도, 페루의 사막 오아시스 마을에서도 나는 남쪽에서 왔는지 북쪽에서 왔는지 확인받았다. 그들은 내가 남쪽에서 왔다는 답변을 해야만 고개를 끄덕였다. 그 답을 듣고 나서야 나를 여행자로 대하기 시작하는 것이다.

해외에서 한국인으로서의 나를 자각하는 아이러니

한국인은 여행을 통해 경계인으로서의 깊은 여운을 느끼곤 한다. 경계를 넘었다고는 하지만 항상 경계상에 놓여 있는 존재임을 깨닫기 때문이다. 동시에 경계 안쪽에 속한 본연의 위치성을 확고하게 하려는 마음의 힘도 작동하기 시작한다.

과거 공산권이었던 제3세계에는 북한에서 직접 운영하는 음식점이 제법 많다. 이곳들을 방문하게 되면 한국 여행자의 경계 인식과 독특한 위치성은 심하게 요동친다. 러시아 블라디보스토크Vladivostok나 캄보디아 앙코르와트Angkor Wat의 북한 음식점에서 밍밍한 북한식 음식을 맛볼 때나 같은 듯 묘하게 다른 여성 종업원들의 북한식 한복과 춤을 감상할 때면 정체 모를 긴장감마저 감돈다. 하지만 긴장감이 사라지고 나면 내 몸을 휘감는 것은 경계를 걷어 내고 한 장소에 있다는 아련한 일체감이다.

한반도의 분단 상황에 의해 형성된 한국인의 마음속 경계가 뚜렷하게 드러나 가련함과 안타까움을 깊이 느낀 여행도 있었다. 2009년 여름, 나는 두만강과 나란하게 놓인 중국 도로를 따라 버스를 타고 북한-중국-러시아 세 나라가 접하는 지점인 방천防川으로 이동 중이었다. 강수량이 가장 많다는 여름철임에도 불구하고 두만강 양안의 거리는 수십 미터에 불과했다. 그 너머에 있는 북한의 산과 들 그리고 그곳에서 일하고 있는 북한 사람들이 시야에 잡힐 정도였다. 우리 일행은 너나 할 것 없이 모두 버스의 오른쪽 창문에 기대어 엄숙한 얼굴로 그 광경을 숨죽인 채 응시했다.

그때 내 옆에 앉아 우리를 안내하던 연변대 지리학과 학생이 정말 궁금한 표정으로 넌지시 말했다. "한국에서 오신 분들은 여기만 오면 아무 소리 안하고 전부 두만강 쪽만 바라본단 말입니다. 왜 그런지 모르겠습니다만 정말 신기합니다." 한국인들이 갖고 있는 마음속 경계의 실체가 어떤 것인지 날카롭게 지적하는 말이었다. 나는 그에게 두만강은 어떤 곳인지 물어보았다. 그는 그저 물놀이하던 재미난 놀이터였으며 가끔 물 건너 북한 땅에 가서 놀다 온 적도 있다고 대답했다. 나와 그의 심상지도에 그려진 북한 국경의 의미는 이처럼 달랐다. 나의 북한 국경은 넘어서는 안 되고 넘을 수도 없는 차단막 같았다면 그의 북한 국경은 자연스레 넘나들어도 문제없는 통로 같았다.

이처럼 여행은 전혀 예기치 못한 나 자신의 모습을 만나게 해준다. 경계 너머를 여행하며 경험하는 '나' 밖의 것들이야 당연히 낯설게 다가오겠지만, 그것들을 경험하는 나 자신조차도 낯설게 느껴지는 경험은 무척이나 신기하고 경이롭다. 내 자신이 낯선 존재로서 새롭게 다가오게 되고, 그 속에서 나도 모르던 내 가치와 능력을 발견하게 되는 것이다.

분주한 일상에 치여 살아가고 있는 일반인들이 자아의 실체에 오롯이 관심을 가지기란 쉽지 않다. 반복되는 일상에 파묻혀 있는 그 실체를 타자화해서 살피는 작업은 여기, 이곳에서는 여간해서 힘들다. 여행을 통해 만나게 되는 낯선 것들에 몰입하면 내 자신을 잠시 잊을 수 있어서 좋다고 하는 사람들도 있다. 하지만 그것은 결국 있는 그대로의 나를 발견하는 것으로 자연스럽게 연결된다. 일상을 벗어나 낯선 환경이 펼쳐져 있는 곳에서 낯선 내 자신을 발견하는 기쁨과 그것을 소중히 품고 응원하는 기쁨이 자연스럽게 뒤따르기 때문이다.

한 인간의 정체성은 태생적으로 결정되지 않는다. 삶의 여정을 거치면서 점차 자기만의 독특한 모습으로 구성되어 간다. 삶의 여정은 시간적인 흐름과 더불어 공간적인 이동으로 구성되는 여행이라고 할 수 있다. 따라서 우리의 삶은 그 자체가 여행이며, 여행은 한 인간의 정체성을 만들어 가는 과정이다. 이때 나 자신의 의지와 행동은 참으로 중요하고 소중하다. 그러니 나를 발견하고 싶다면 익숙한 나 자신과 과감하게 결별하고 낯선 타자들을 만나러 여행을 떠나 보는 것은 어떨까?

교통수단을 넘어 그 자체만으로
훌륭한 여행, 열차

　출발 전 준비하는 과정에서 사전 계획을 잘 짜야 현지에서의 여행이 성공적으로 이루어질 수 있음은 두말할 필요가 없다. 마치 높은 건물을 올리려면 땅 밑으로 깊숙이 파고 들어가 건물의 뿌리가 되는 골조물을 튼실하게 박아야 하는 이치와 비슷하다. 이때 여행 중에 무엇을 먹고 경험할지 정하는 것만 계획에 속하지는 않는다. 여행을 떠나는 이유가 무엇인지, 왜 그곳으로 가려 하는지, 그곳의 장소와 사람들은 어떤 모습과 특성을 지니고 있는지, 그곳에서 여행하며 갖춰야 할 생각과 태도는 무엇인지 등을 따져 보고 정리하는 작업 역시 여행의 뿌리와도 같은 기초 작업이다.

여행지에서 모든 일이 잘 풀리면 그것은 여행이 아니다

그런데 여행 준비가 곧 현지에서의 일정 전체를 깨알같이 결정하는 것이라고 오해하는 경향이 있다. 방문 장소와 동선, 교통편과 숙소, 심지어는 먹을 음식과 음식점까지 시간의 흐름에 맞춰 세세하게 미리 결정하고 예약하는 것으로 말이다. 여정에 대한 세세한 준비가 어느 정도 여행의 불확실성을 막아 주고 심리적인 안정감을 준다는 점은 부인할 수 없다. 세세한 여행 계획과 준비는 아무래도 기존에 갖고 있던 여행자의 취향과 목적이 반영될 수밖에 없을 테니 그대로만 잘 진행된다면 아무 문제가 없을 것이다.

하지만 여행의 불확실성은 완전히 해소할 수 없다. "여행지에서 모든 일이 잘 풀리면 그것은 여행이 아니다."라는 무라카미 하루키의 말처럼 모든 상황이 내 뜻대로만 움직이지 않기 때문이다. 여행하고자 하는 장소의 변화무쌍한 날씨를 생각해 보자. 우리는 흔히 여행지의 백과사전식 소개 자료를 통해 그곳의 자연환경이 딱 고정되어 있다고 생각한다. 그래서 여행을 통해 그곳의 독특한 장소감을 기대하는 경향이 있다. 사막 여행을 계획하는 사람들이 뜨거운 햇살이 작렬하는 모래사막에서 낙타를 타고 줄지어 이동한 뒤 텐트에서 쏟아지는 별들을 감상하며 밤을 보낼 수 있으리라 기대하는 것처럼 말이다.

2018년 1월의 어느 날, 나는 모로코 메르주가Merzouga에서 모래 입자가 섞인 희한한 빗발을 맞으며 낙타를 타고 모래사막을 가로질렀다. 그리고 구름 가득 낀 밤하늘 아래 허름한 텐트에서 추위에 오들오들 떨며 잠이 들었다. 사막에도 미미하지만 비가 내리는 날과 계절의 변화가 있다. 또한 일교차도 제법 크고 지표면이 암석으로 구성된 사막도 있다. 모로코 메르주가 일대의 사하라 사막은 여름철에 기온이 평균 섭씨 40도를 오르내리지만 겨울철에는 기온이 섭씨 20도 내외 혹은 그 이하로 떨어진다. 기온차가 20도 가까이 나는 것이다. 평균 연 강수량은 80밀리미터 정도이고 강수일수는 20일 정도에 불과하다. 한 달에 이틀 정도 비가 내리는 꼴이다. 어느 사막으로 언제 가느냐에 따라 여행 준비가 달라져야 하는 이유다.

나는 하필 딱 비도 오고 추운 날에 메르주가 사막을 여행했다. 하지만 예상 밖의 경험은 내 오감을 흥미롭게 자극하며 사막에 대한 심상지도를 새롭게 그려 주었다. 솜이불처럼 두텁게 구름이 덮힌 잿빛 하늘 아래 붉은 빛깔로 펼쳐진 부드러운 곡선의 모래언덕, 빗방울에 부딪치는 모래사막의 경쾌한 소리, 바람에 날려 내 빰에 부딪치는 미세한 모래 알갱이의 촉촉한 감촉, 더위뿐 아니라 추위에도 강해 보이는 낙타의 늠름한 모습, 내 엉덩이를 리드미컬하게 쓸어 주는 낙타의 딱딱한 등살, 먹구름 가득 낀 칠흑 같은 밤하늘과 텐트 사이를 비집고 들어오는 요란하고 스산한 모래바람 소리……. 사막은 그렇게 내게 다가왔다.

여행할 때 미리 결정한 일정을 반드시 실천하려고 너무 애쓸 필요는 없다. 준비한 대로만 착착 움직이기 위해 계획에 얽매일 필요가 없다는 것이다. 현지에서의 사정은 시시각각 변할 수 있고, 그곳에서는 내가 사전에 생각하지 못한 일들이 생길 수도 있다. 실수와 오류에 의한 우연한 발견, 예상치 못한 타인과의 만남 등 준비한 일정에서 어긋날 수밖에 없는 상황은 얼마든지 펼쳐질 수 있는 것이다.

기차는 일정을 지키도록 도와줄 수단만이 아니다

내가 원하는 목적지로 가는 단 한 편의 교통편이 취소된다면 참으로 난감하다. 이런 일은 공공 서비스 시스템이 체계적으로 작동하지 못하는 제3세계 국가에서 특히 비일비재하게 일어난다. 아니면 내가 교통편의 출발 시간을 착각하거나 엉뚱한 터미널에서 헤매는 경우도 있을 수 있다. 이럴 경우, 결국 계획은 어그러질 수밖에 없다. 이때 엎질러진 물을 한탄하며 실망만 해서야 되겠는가? 다른 곳으로 가거나 그곳에 더 머무르든지 어떻게든 새로운 해결책을 찾아야만 한다. 아예 처음 계획 단계부터 계획이 어그러질 가능성을 염두에 두는 것도 좋다. 그리고 어그러진 계획을 메워 줄 새롭고 색다른 경험을 마다하지 말아야 한다. 어쩌면 새롭게 대안을 마련하는 과정에서 놀랄 만한 반전이 생길 수도 있으니 차라리 잘됐다고 생각하면 좋다.

1999년 여름, 나는 처음으로 유럽 배낭여행에 나섰다. 유럽의 주요 도시에, 특히 서유럽의 주요 도시에 한국의 패키지 여행자들이 크게 늘고 있을 때였다. 때맞춰 한국의 대학생들 사이에서도 배낭여행이 성황을 이루고 있었다. 나도 이런 분위기에 동참해 유럽을 자유롭게 돌아다녀 보고 싶었다. 하지만 바쁜 일상 때문에 여행 준비에 충분한 시간을 할애할 수가 없었다. 그때 '세미팩 자유여행'이라는 매혹적인 이름의 상품이 눈에 밟혔다. 왕복 항공권과 더불어 약 보름 동안의 숙소와 유레일패스를 제공하고 나머지 일정은 개인에게 맡기는 상품이었다. 나는 그 상품을 보자마자 제법 자유로운 여행이 가능할 것 같다는 생각에 두 번 생각하지 않고 바로 예약했다.

그런데 여행 중에 문제가 생겼다. 스위스 인터라켄Interlaken에서 이탈리아 로마Roma로 가는 야간열차가 침대칸은 물론이고 일반 좌석까지 모두 만석이었기 때문이다. 사실 로마행 열차의 좌석 구하기 전쟁은 여름 성수기마다 반복되는 일이었다. 하지만 그 당시 그런 사실을 모른 나는 침대칸을 예약하지도 않았고, 당일 기차역에 당도해서야 만석이라는 것을 알게 되었다. 결국 세미팩 자유여행 상품을 통해 예약한 로마 숙소는 그렇게 날릴 수밖에 없었다.

물론 입석권을 끊어 바닥에 앉아 갈 수도 있었지만, 설상가상으로 그때 나의 몸 상태는 정상적인 걸음이 불가능할 정도로 최악이었다. 전날 아침 알프스의 쉴트호른Schilthorn에 올랐다가 내려오면서 왼쪽 발에 상처가 났기 때문이다. 상처는 점점 더 심해졌고, 진통제를 먹어 통증은 가라앉았지만 발이 통통 부어오른 상태였다. 그래서 알프스의 또 다른 장소를 방문하는 것도 불가능했다. 나는 유레일패스를 유용하게 사용하는 대안을 세워 보았다. 그냥 아무 열차나 올라타 돌다가 인터라켄으로 돌아오기로 생각한 것이다. 마침 밀라노Milano행 열차가 눈에 들어왔다. 나는 아픈 다리를 이끌고 열차에 올라타 차창 밖으로 펼쳐지는 다양한 경관을 보면서 앞으로 어떻게 할지 생각해 보았다.

인터라켄 역으로 돌아와서는 야간열차 시간표를 살펴보았다. 내가 일순위로 고려하는 사항은 목적지를 어디로 할 것이냐가 아니라 침대석이 있냐였다. 그때 오스트리아의 비엔나Vienna행 야간열차가 눈에 들어왔다. 다행히 남은 자리가 있었다. 나는 오스트리아행 열차에 몸을 실어 어스레한 달빛을 뚫고 알프스 산자락을 굽이쳐 달려 나갔다. 당황스러움과 긴장감은 날려 버린 채 덜컹거리는 열차 소리와 함께 눈을 감았다가 커튼 틈으로 비엔나의 아침을 알리는 희붐한 빛이 새어 들어올 때쯤 잠에서 깼다.

지금 생각해 보면, 계획에도 없던 비엔나로의 이동은 새로운 생각과 경험을 가져다준 훌륭한 기회였다. 비엔나를 거쳐 헝가리 부다페스트로 가는 이 열차의 6인실 쿠셋에는 마자르족*인 듯한 헝가리 아주머니가 먼저 들어와 있었다. 그녀와의 대화는 원활하게 이루어질 수 없었지만, 손짓과 몸짓이 섞인 짤막한 대화를 통해 동유럽 여행을 향한 내 마음속의 꿈이 점화되었다. 나의 열차 이동은 서유럽의 끝이자 동유럽의 시작인 비엔나에서 멈춰야 했지만, 더 동쪽에 펼쳐져 있을 아름다운 장소와 그곳에 사는 사람들을 만나 보리라는 새로운 다짐이 마음속에 조용히 자리 잡게 되었다. 그리고 도착한 비엔나에서 나를 기다리고 있던 것은 또 다른 색깔의 장소들이었다. 고장난 내 몸과 여석이 없던 로마행 야간열차 때문에 남유럽을 보려던 계획은 무참히 깨져 버렸지만 그곳에서는 만날 수 없었을 다뉴브강의 푸른 물결과 우아한 고전음악의 향연을 즐길 수 있었다.

이보다 더 황당하지만 잊지 못할 즐거운 열차 여행도 있다. 학생들을 인솔해 미국 대륙횡단에 나선 2015년 1월의 여행이었다. 당시 나는 미국 전역을 연결하는 철도 회사 암트랙**의 보름짜

● 　헝가리에 주로 분포하고 있으며, 동쪽 우랄산맥의 유목민족을 기원으로 하는 민족이다.

●● 미국의 승용차 철도교통망인 암트랙은 잘 알려지지 않았지만 장엄한 자연경관을 앉아서 평안하게 감상할 수 있는 훌륭한 여행 수단이다. 유럽의 유레일처럼 도시들을 긴밀하게 연결해 주지는 않지만, 시간적 여유를 가지고 미국 전체의 모습을 살펴보기에는 더없이 좋다. 참고로 미국은 워낙 넓은 나라이다 보니 열차와 버스를 이용하는 대중교통망이 부실한 편이다. 반면에 항공교통망은 발달해 미국인은 주로 비행기를 이용한다.

리 패스를 이용해 로스앤젤레스Los Angeles와 샌디에이고San Diego 등 캘리포니아의 태평양 해안을 두루 답사한 후 덴버Denver까지 가서 1박을 하고, 다시 시카고Chicago와 워싱턴 D.C.Washington, D.C.를 거쳐 대서양 연안의 뉴욕에 도달하는 장대한 계획을 세우웠다. 그리고 그에 맞게 암트랙의 구간별 사전 예약과 숙소 예약도 마쳤다.

하지만 오전 아홉 시 반에 샌프란시스코발 시카고행 열차에 몸을 싣고 출발한 후 얼마 지나지 않아 우리는 큰 실수를 깨달았다. 중간 기착지인 덴버 도착은 다음 날 오후 여섯 시, 그러니까 1박 2일이 걸리는 구간이었다. 하지만 예약을 담당한 친구가 당일 오후 여섯 시에 도착하는 것으로 잘못 생각하면서 그에 맞게 숙소를 예약한 것이다. 만약 열차 스케줄대로 덴버에서 하차해 1박을 하게 된다면 이후 일정을 하루씩 연기해야 전체 일정을 차질 없이 진행할 수 있었다. 숙소는 물론이고 귀국 항공편도 하루씩 연기해야 했다. 그러나 모든 예약은 변경이 불가한 가장 저렴한 요금으로 결제되어 있었다. 하지만 우리는 이내 담담해졌다. 선택은 하나였기 때문이다. 덴버에서의 1박을 포기하고 열차를 탄 채로 시카고까지 계속 달려가는 것이었다. 그렇게 우리에게는 2박 3일의 시카고행 차창 여행♥이 주어졌다.

어떻게 보면 무려 2박 3일이나 열차에 갇혀 있어야 한다는 것이 무척 무기력하고 지루하게 느껴질 수도 있다. 하지만 역으로 생각해 보면, 빠르지는 않지만 안락함을 주는 차창 여행은 여러 가지 장점도 지니고 있어 오히려 훌륭한 여행이 될 수도 있다. 움직이는 교통수단에서 창밖으로 펼쳐지는 경관들을 물끄러미 바라보면 심신이 편안한 가운데 많은 것을 깊게 생각해 볼 수 있기 때문이다.

2박 3일간의 암트랙을 통해 우리는 차창 여행을 제대로 경험했다. 열차의 육중한 덜컹거림은 고단한 육체를 마사지하듯 흔들어 주었고, 깊은 밤 잠을 청할 때는 경쾌한 자장가처럼 귓속을 애무해 주었다. 그 덕에 우리는 편안한 자유를 누리며 조용하면서도 치열하게 자기 성찰의 시간을 가질 수 있었다. 무엇보다 멋진 차창 밖 경관을 편안한 마음과 자세로 조용히 바라볼 수 있었다는 점이 훌륭했다. 태평양 연안의 따스한 햇빛과 넘실대는 파도, 서부 사막지대의 영롱한 밤하늘 별빛과 아스라한 아침 안개가 주는 고혹적인 풍경, 하얗게 눈으로 뒤덮인 로키산맥과 그 사이사이 골짜기를 하얀 포말로 채워 넣은 콜로라도강의 포근한 조화, 부드러운 곡선으로 이어진 잿빛 토양의 대평원 …… 광활

● 학생들과 함께하는 답사 여행은 아무래도 수업 내용의 연장선에서 이루어지는 경우가 많다. 나는 버스를 타고 이동하면서도 학생들에게 바깥 경관을 내다보며 설명하곤 하는데 아홉 시 방향, 두 시 방향 이런 식으로 위치를 파악하게 하고 설명한다. 한 학생이 이를 '차창 지리' '차창 여행'이라고 불러 주었는데, 딱 내 마음에 드는 표현이었다. 이 표현을 그 학생의 동의를 얻어 이 책에서 사용하고자 한다.

한 미국 땅에서 시시각각으로 변하는 차창 밖 겨울 풍경은 아름 답고도 웅장했다. 그렇게 2박 3일은 버리거나 때워야 하는 시간 이 아닌, 지루할 틈 없는 시간이었다.

많은 사람이 여행 중 한 지점에서 다른 지점으로 이동하는 시 간과 과정을 그리 중요하게 생각하지 않는다. 특히 열차를 단지 목적지에 도달하기 위한 수단으로 생각하는 경향이 있다. 하지 만 열차는 그 자체로 훌륭한 여행의 목적이자 과정일 수 있다. 기차가 아름다운 경관이 펼쳐지는 멋진 지역을 지나갈 때면 거 의 모든 사람이 예외 없이 차창 여행의 즐거움을 공유한다. 계획 한 열차를 탄 여행자 혹은 계획과 전혀 다른 열차를 탄 여행자 모두 예외 없이 누릴 수 있는 즐거움이다. 오히려 여행을 계획할 때 그 즐거움은 예상하지 못했을 것이기 때문에 기쁨은 배가 된 다. 그리고 그러한 경관 속에서 흥미로운 조각들을 발견해 낼 수 도 있다. 지점과 지점 사이의 맥락을 상상하고 구성 요소들이 절 묘하게 조화를 이루고 있음을 파악하며 이동 중의 시간을 재미 있게 보낼 수 있는 것이다. 지금 차창 너머로 보이는 산맥과 강 이 어떻게 목적지를 감싸고 있을지 상상하고 나서 마주한 도시 는 보다 더 아름답기도 하다.

또한 장거리 기차는 개인적인 휴식과 사색 그리고 글쓰기 작 업이 이루어지는 아늑한 장소이면서 동시에 식사와 놀이 등 소 통이 자연스럽게 이루어지는 장소이기도 하다. 일정 신호가 없

태평양 연안의 따스한 햇빛과 넘실대는 파도,
서부 사막지대의 영롱한 밤하늘 별빛,
아스라한 아침 안개가 주는 고혹적인 풍경,
하얗게 눈으로 뒤덮인 로키산맥과 콜로라도 강의 포근한 조화……
2박 3일간의 열차 여행은 버리거나 때워야 하는 시간이 아닌,
지루할 틈 없는 시간이었다.

으면 계속 안전벨트를 매고 고정된 좌석에 머물고 있어야 하는 비행기나 버스와 달리 기차에서는 자유로운 이동도 가능하다. 이렇다 보니 다양한 군상의 수십 명 손님들이 일정 시간을 함께 보내는 이 공간은 일종의 움직이는 마을이다. 전이성을 지닌 낯선 공간이 이내 친숙함을 띈 살가운 마을로 변하는 것이다. 물론 이 마을 구성원들은 마음의 경계를 풀고 기꺼이 서로에게 다가가다가도 각자의 목적지에서 담담하게 이별을 고한다.

이것이 여행자가 교통수단을, 기차를 여행 그 자체로 즐겨야 하는 이유다. 그렇다고 해서 예측하지 못한 즐거움을 누리고자 자신이 계획하지 않은 열차를 일부러 타지는 않길 바란다. 여행에 돈과 시간이 중요하다는 사실은 누구도 거부할 수 없는 진리이기 때문이다.

'보는' 여행에서 '느끼는' 여행으로
여행자의 몸

여행을 간단하게 정의하면 여행자가 낯선 장소를 만나는 일련의 과정이라고 할 수 있다. 여행은 크게 장소와 여행자로 구성된다. 장소는 자연경관과 문화경관이자, 그 속에서 살아가는 현지 주민들이 상호작용을 통해 만들어 가는 역동적인 실체다. 이 세상의 모든 장소가 제각각 독특한 모습과 특성을 지닐 수밖에 없는 이유다.

이러한 장소를 경험하고 느끼며 사람들은 의식적으로 혹은 무의식적으로 여행자가 되곤 한다. 여행으로 몸과 마음을 새롭게 장착하고, 그 속에서 일어나는 변화를 잘 다듬는 작업이 연쇄적으로 일어날 때 자아가 재구성되는 것이다.

내면의 자아와 여행지 사이의 경계, 여행자의 몸

여행할 때는 낯선 것들이 주는 즐거움을 증폭시키고, 예기치 못한 위험들을 줄이기 위해 내 몸의 모든 감각기관이 총동원된다. 그래서 모든 신체 기관을 쉼 없이 작동해야 하는 여행에서는 신체의 피곤함을 피할 수 없다. 이때 몸은 여행자 내면의 자아와 바깥에 펼쳐져 있는 장소 사이의 경계로 작동한다. 몸이 지닌 오감을 통해 장소가 내 안으로 들어오고, 그런 경험들이 모여 장소감으로 자리 잡는 것이다.

따라서 여행은 몸을 통해 특정 장소를 직접 알아보고 그 분위기를 느끼기 위한 실천이라고도 할 수 있다. 그런데 장소의 고유한 기운을 '느껴' 보는 일은 내 몸이 현지에 위치해 있어야 가능한 일이다. 여행자 카트린 지타는 다음과 같이 말한다.

사실 한 도시의 역사에 대해 깊이 알자면 도서관에서 며칠 동안 책을 읽는 것이 더 낫다. …… 하지만 책으로는 그곳을 '알' 수는 있지만 '느낄' 수는 없다. 어떤 사람의 얼굴을 아는 것과 친구가 되는 것은 엄연히 다르듯이, 그 도시의 정보를 아는 것과, 사람들과 교류하고 땅과 자연이 내뿜는 기운을 온몸으로 느끼며 체험하는 것은 하늘과 땅 차이다. …… 여행은 새로운 것을 보는 것만이 아니라 떠나기 위해 준비하고 먹고 자고 이동하는 모든 것을 포함한다. 헬리콥터를 타고 히말라야에 오르는 것이 아무런 의미가 없듯이, 더위와 바람과 추위를 모두 견디며 처음부터 끝까지 직접 체험해야만 인생에 무언가를 남기는 여행을 할 수가 있다.

_카트린 지타, 『내가 혼자 여행하는 이유』🔖

    어떤 장소에 대해 다른 사람들이 연구한 것을 알아보는 작업이나 다른 사람들이 경험하고 재현해 놓은 것을 살펴보는 작업은 현지로 직접 가지 않아도 가능하다. 그러면 우리가 굳이 그 장소로 가고자 하는 이유는 무엇일까? 그곳에 대한 앎은 물론이거니와 여기서는 절대 경험할 수 없는 그곳에서만의 느낌을 경험해 보고 싶기 때문이 아닐까?

    안다는 것은 내 몸 바깥에 있는 것을 먼발치에서 객관적으로 인식하고 납득하는 과정이다. 반면에 느낀다는 것은 그것들을 내 몸으로 들어오게 함으로써 주관적으로 일체화하고 이해하는 과정이다. 여행은 장소에 대해 아는 것과 느낌을 함께 얻고자 하는 과정이다. 앎과 느낌은 함께 어우러져 굴러가는 한 축의 바퀴와 같다. 앎이 없거나 느낌이 없는 여행은 건조하고 공허할 뿐이

● 걷는나무(2015), 122-123쪽.

다. 즉 체험과 체현은 객관적인 지식의 앎과 더불어 여행의 핵심이자 목표라고 할 수 있다.

가장 자연스럽고 편안한 여행은 내 몸이 아무런 선입견 없이 장소의 자극을 있는 그대로 느끼는 것이다. 단순하지만 온전한 몸의 느낌은 그 자체로 행복을 줄 수 있다. 산야의 시원한 풍경과 산들바람의 청아한 소리를 상상해 보라. 맛난 음식이 주는 달콤한 냄새와 풍미는 또 어떠한가. 내 몸을 통해 전달되는 감동과 환희는 그 자체로서 훌륭한 여행 목적이 아닐 수 없다. 무라카미 하루키는 다음과 같이 말한다.

나는 여러 차례 여행을 하는 동안 점점 나 자신에게 적합한 방법을 파악할 수 있게 되었다. ⋯⋯ (일시, 장소, 숫자 등 필수적 메모를 제외하고) 오히려 현장에서는 글쓰기를 잊어버리려고 한다. 카메라 같은 것은 거의 사용하지 않는다. 그런 여분의 에너지를 가능한 한 절약하고, 그 대신 눈으로 여러 가지를 정확히 보고, 머릿속에 정경이나 분위기, 소리 같은 것을 생생하게 새겨 넣는 일에 의식을 집중한다. 호기심 덩어리가 되는 것이다.

_무라카미 하루키, 『나는 여행기를 이렇게 쓴다』

● 문학사상(2015), 8쪽

한편 장소에 따라 달라지는 몸의 반응, 몸의 취약함이나 강건함을 발견하는 장소에서의 경험은 무척이나 신비롭다. 특히 과감하지만 무모하지 않게 도전하는 자유배낭여행은 내 몸이 어떤 특성을 지니고 있는지 제대로 확인시켜 주곤 한다. 높은 산악지대 여행에서 맞닥뜨리는 고산병은 각자의 몸 상태에 따라 나타날 수도 있고 아닐 수도 있다. 현지 음식에 대한 내 몸의 반응도 천차만별이다. 직접 겪어 봐야 내 몸이 고산병에 강한지 현지 음식을 잘 먹는지 알 수 있다. 그리고 이를 통해 여행자는 앞으로의 여행을 자신의 몸에 맞게 조정해 나가고 장소를 온전히 느낄 수 있다.

'보러' 가서는 제대로 느낄 수 없었을 선암사

인간은 오감을 통해 장소를 경험한다. 시각, 청각, 후각, 미각, 촉각의 다섯 가지 감각기관은 내 몸의 안테나가 되어 몸 밖의 것들을 받아들인다. 그런데 우리는 여행에서 다른 감각보다 시각을 가장 최우선으로 생각하는 경향이 있다. 여행 가는 것을 곧 다른 것들을 '보러' 가는 것과 동일하게 인식하는 것이다. 여행을 준비하는 과정에서 우리가 가장 많이 하는 작업은 그곳의 사진과 소개글을 '보는' 것이다. 현지 여행에서도 눈으로 '보는' 행위와 '본' 것을 사진으로 촬영하는 행위가 큰 비중을 차지한다. 여행에서 돌아와 정리할 때도 '본' 것을 기록하고, '보고' 찍은 사진을 정리하는 작업이 주를 이룬다. 인간의 삶에서, 또 여행에서 보는 것이 얼마나 중요하고 큰 비중을 차지하는지 잘 보여 주는 대목이다.

인간은 시각 중심의 동물이다. 하지만 다른 동물에 비해 시력이 특별히 발달하지는 않았다. 하늘로 날아올라 넓은 시야를 확보할 수 있는 독수리의 시력은 $6.0 \sim 9.0$ 정도로 인간의 서너 배 이상이다. 초원의 귀공자, 타조의 시력은 무려 25.0이라고 한다. 그래서일까? 텔레비전 프로그램 〈동물의 왕국〉에서 타조가 육식동물에게 먹히는 장면은 등장한 적이 없다. 물론 인간의 다른 감각기관 역시 형편없다. 냄새로 세상을 파악하고 삶의 공간을 확보해 나가는 개와 고양이, 음파를 쏘아 의사소통하고 위치를 파악함으로써 세상을 인지하는 고래 등과 비교만 해봐도 잘 알 수 있다.

이렇게 시력이 다른 동물들에 비해 현저히 약한 수준임에도 인간은 시각 중심의 세계관을 형성했다. 청각이나 후각 등 다른 감각에 비해 시각이 상대적으로 더 발달했기 때문이다. 역사적으로도 삶의 공간을 넓혀 가는 데 시각이 순기능을 발휘하기도 했다. 하지만 여행할 때는 미약하고도 퇴화된 다른 감각기관들까지 적극 동원해 온몸으로 느껴야 한다. 모든 감각으로 느낀 경험들이 한데 어우러져야만 여행의 기억이 깊이 각인되기 때문이다.

한국철도공사 코레일의 3일짜리 자유승차권 하나로패스로 여행한 적이 있다. 부산의 부전역에서 경전선 무궁화호 열차를 타고 차창 지리를 감상하며 오늘밤 잠자리는 어디로 할까 고민하는 사이 순천역에 당도했다. 문득 절에서의 하룻밤을 상상하니 선암사가 떠올랐다. 바로 전화를 걸어 숙박이 가능하냐고 물었다. 종무원인 것 같은 사람이 대뜸 올라오라고 했다. 그러면서 절 밑 마을에 내려서 전화하면 시간 맞춰 스님이 나갈 거라며 어두운 길 조심하라고 담담하게 당부했다.

나는 묘한 기대감을 안고 늦은 1월의 맑은 햇살이 시나브로 물러가는 해 질 녘을 지나 절 밑 마을에 도착했다. 마을에서 선암사까지는 걸어서 30분 정도의 거리였다. 어둠을 헤치며 터벅터벅 걷기 시작했다. 처음에는 무서움과 외로움이 엄습해 왔다. 그러나 이내 벗들이 나타났다. 길을 따라 도열한 설날 등불의 은은한 불빛과 하늘의 초롱초롱한 별빛, 이를 가로지르는 경쾌한 계곡 물소리와 소슬한 바람 그리고 상큼한 초목 냄새……. 어느덧 나는 그 속에 어우러져 있었다.

이윽고 탑 마당에 도착했다. 짧은 기다림의 순간 나는 내가 누구인지, 왜 여기에 왔는지를 생각했다. 곧 나타날 스님에게 설명하기 위한 답이었다. 잠시 후 스님이 나타났다. 그런데 그는 내게 아무것도 묻지 않았다. 그저 따라 오라고 했다. 절 한 켠에 자리한 가옥에 당도하자 스님은 미닫이문이 달린 방 한 칸을 사용하라고 말해 주었다. 아울러 씻는 곳과 해우소解憂所 위치, 해우소가 불편하면 이용할 수 있는 보살들의 반수세식 화장실 위치 등을 조곤조곤 말해 주었다. 그리고 스님들의 아침 식사 시간은 다섯 시인데, 불편하면 일곱 시에 보살들과 함께 식사해도 되니 편한 대로 하라고 이야기하고는 다시 어둠 속으로 성큼성큼 걸어 들어 갔다.

희미한 온기가 고여 있는 방 안에는 이불 한 채와 철 지난 초록색 나선형 모기향만이 한 줄짜리 막대 형광등 아래 덩그러니 놓여 있었다. 낯선 쓸쓸함이 다시 스멀스멀 피어올랐다. 무언가를 해야 할 것 같은 시간인데 방 안에는 적막감만 감돌았다. 적막감을 이기고자 밖으로 나가 나무 향기 가득한 해우소에 앉아 보았다. 시린 냉수로 얼굴과 손발도 씻었다. 그리고 다시 방안에 돌아와 습관대로 스킨과 로션을 얼굴에 발랐다. 그 순간 강렬한 화장품 냄새가 다른 모든 냄새를 물리쳐 버렸다. 아무리 킁킁거려도 화장품 냄새 외의 것들은 나의 세상에서 사라져 있었다. 나는 얼른 밖으로 나가 다시 세수를 하고 몸의 방어막을 걷어 냈다. 그러자 나무와 풀냄새가 오묘하게 얽힌 그윽한 향기가 다시 콧속 가득 퍼지면서 내 마음을 감싸 안았다.

다음 날 새벽, 대웅전으로 걸어가는 스님들의 발자국 소리와 새벽 예불의 독경 소리에 나는 잠을 깼다. 밖으로 나가 보니 처마 끝 풍경 소리가 들리고 있었다. 청아한 소리가 선암사의 새벽 향기와 어우러져 내 마음을 두드렸다. 그렇게 선암사에 대한 나의 기억은 시각적인 자극이 아니라 은은한 후각과 경쾌한 청각을 중심으로 머릿속에 각인되었다.

사진이 아니라 사람, 이야기, 추억을 생생하게 남기는 여행

인간의 시각 중심적 세계관은 보이는 것들을 재현하는 기술을 획기적으로 발전시켰다. 지도와 사진이 그 예다. 오늘날 항공 위성사진이나 지리정보시스템 기술은 장소의 모습을 실제 그대로 재현해 직접 가지 않고도 현지 모습을 생동감 넘치게 볼 수 있도록 해준다. 사진과 동영상 기술의 진화도 가히 혁명적이다. 엄청나게 개선된 해상도는 육안으로 볼 수 없는 것조차 확대해서 보여 준다. 또 드론의 상용화는 사람이 직접 접근할 수 없는 높고 험한 곳에서 촬영을 가능케 함으로써 시점視點의 다양화를 열어 주었다. 다양한 각도에서 육안보다 더 잘 볼 수 있는 신기원이 펼쳐진 것이다.

그런데 여행지에서 우리가 직접 찍는 사진들은 과연 장소의 특성을 온전하게 재현할까? 장소를 시각적으로 재현하는 도구

나무와 풀냄새가 오묘하게 얽힌 그윽한 향기,
스님들의 발자국 소리와 새벽 예불의 독경 소리,
처마 끝 풍경 소리 …….
그렇게 선암사에 대한 나의 기억은
은은한 후각과 경쾌한 청각을 중심으로 머릿속에 각인되었다.

들은 여행에 큰 도움을 주지만, 그 장소의 분위기를 극히 일부만 재현할 뿐이다. 인간이 오감을 통해 감지하는 장소의 분위기는 경관land-scape, 청관sound-scape, 후관smell-scape, 미관taste-scape, 촉관 tactile-scape으로 구분할 수 있다. 사진은 이 중 경관만 포착할 뿐 장소의 다른 특성을 감지해 내기 어렵다. 게다가 사진은 찍는 이가 어떤 의도를 가지고 그 대상을 포착하는지, 어떤 각도에서 피사체를 담아내는지에 따라 얼마든지 달라진다. 사진을 통해 내가 재현하(고자 하)는 장소와 남들이 재현하(고자 하)는 장소가 달라질 수밖에 없는 이유다.

'재현represent'은 다시re- 보여 준다present는 의미다. 사진은 그저 시각적 재현일 뿐이다. 하지만 사진이 담은 장소에는 경관 외에도 독특한 소리, 냄새, 맛, 질감이 존재한다. 경계 너머로 직접 가서 활동하는 여행이란 바로 이런 것들을 공감각적으로 경험하는 행위다. 그래서 사진이나 언어로 다른 사람에 의해 재현된 것에 만족하기보다는 그 이상의 것들을 경험해야 한다. 시각적인 자료가 주는 선입견과 언어학적 법칙이 작동되는 문서의 한계를 극복하고 그 이상의 느낌을 경험해야 한다는 말이다. 누군가의 앎과 느낌을 다시 보여 주는 재현물은 나의 여행에 참고가 될 수는 있다. 하지만 내 몸을 통한 앎과 느낌은 다른 사람의 것과 다를 수밖에 없다. 나의 취향과 관점에서 그곳을 재현하는 것이 바로 나의 여행 아니겠는가?

물론 여행 경험을 가장 뚜렷하게 가져올 수 있는 방법이 시각적 재현임을 부인할 수는 없다. 흔히 여행에서 남는 건 사진밖에 없다고 이야기하는 것도 괜한 소리가 아니다. 인증샷이 없는 여행은 기억 속에서 쉽게 사라지지 않겠는가? 그런데 사진을 찍다 보면 정작 중요한 것을 놓치는 경우가 많다. 여행지에서 앎과 느낌에 충실하고 다양한 활동들을 해나가는 데 사진 촬영이 오히려 방해가 되고, 그 결과 여행의 목적을 온전하게 달성하지 못하는 경우가 생기는 것이다. 이와 관련해 내 수업을 들은 한 학생의 글을 소개한다.

최근 페이스북에 소개되는 여행지의 주제들을 살펴보면 사람들이 여행에 대해 가지는 의미가 어떤 것인지 쉽게 파악할 수 있다. '친구들과 우정 사진 찍기 좋은' '사진 찍기 좋은 ○○마을' '인생 사진 찍을 수 있는 관광 명소' 등 사람들은 여행을 쉬기 위해서 혹은 자신의 자아를 찾기 위해서 가기보다는, 사진을 잘 찍기 위해 소위 말하는 인생 사진을 건지기 위해 가는 듯하다. 여행지 또한 이러한 트렌드를 노리며 사진 찍기 좋은 명소들을 만드는 전략을 사용하고 있다. 여행의 소중한 추억을 간직하는 도구인 사진의 목적이 변질되어 버린 것이다.

이번 겨울에 다녀온 전주 여행에서 나는 깜짝 놀랐다. 굉장히 많은 사람이 전동성당 앞에 모여 너나 할 것 없이 바쁘게 사진을 찍고 있었기 때문이다. 나 역시 사진을 찍으러 갔지만 몇몇 사람들의 열정은 여행을 하는 다른 이들에게 피해를 주는 수준이었다. 전동성당의 내부나 건축양식에 관심을 갖기보다는 어느 장소가 사진이 잘 나오는지 찾으러 다니기만 하는 사람들의 모습은 기이했다. 마치 카메라 뷰파인더에 비친 이미지를 실제 광경보다 중요하게 여기는 듯했다.

사진 촬영에 집착하는 여행은 여행지를 피상적으로만 본다. 가장 중요한 사람, 이야기, 추억은 보지 못한다. 사람과 이야기, 추억도 없이 그냥 예쁘게 찍은 사진은 무슨 의미가 있을까? 그저 타인에게 보여 주기 위한 좋은 겉치레일 뿐이지, 그 속에는 진정한 메시지가 담겨 있지 않다.

_2017년 1학기 〈여행과 지리〉 수강생의 글

카메라 없는 여행을 떠나 보면 어떨까? 아마도 카메라 대신 우리의 머리와 마음을 한껏 활용하게 될 것이다. 이성과 감정으로 경험하고 그것을 우리의 머리와 마음속에 담는 작업은 여행이 시각에만 매몰되지 않고 공감각적 경험들로 채워지도록 도와줄 것이다. 쉽게 잊어 버릴 수는 있겠지만 몸이 기억하는 생생함은 오래도록 남는 여행이 될 것이다.

자연환경과 문화가 버무려진 음식으로 맛보는 여행

여행에서 공감각적 경험을 실천할 수 있는 또 하나의 도구는 음식이다. 현지에 살고 있는 사람들의 삶을 일부라도 경험 하고자 한다면, 현지의 고유한 음식을 맛보길 추천한다. 장소와 문화에 대한 앎의 깊이를 더해 주고, 미각을 충족시켜 여행의 즐거움을 더해 주는 것이 바로 음식이다. 장소와 문화를 잘 보여 주는 신기하고도 맛이 좋은 음식은 여행의 고단함을 달래 주는 활력소가 되기도 한다. 소설가 김영하는 여행에서 음식을 경험하는 것에 대해 다음과 같이 예찬한다.

> 식도락이야말로 순간의 즐거움이다. 그것은 사진으로 찍어 남길 수도 없고 잘 보존하여 간직할 수도 없는 성질의 것이며 그 자체로는 아무것도 생산하지 않는다. 어느 순간 최고의 행복감을 주지만 그 순간이 지나면 천천히 사그라진다. 몇 줄의 문장으로 겨우 남을 뿐이다.
>
> _김영하, 『네가 잃어버린 것을 기억하라: 시칠리아에서 온 편지』●

● 랜덤하우스코리아(2009), 239쪽

음식은 그 장소의 자연환경과 문화적 혼종성을 가장 잘 보여주는 요소다. 가령 피자는 이탈리아의 대표 음식으로 널리 알려져 있지만, 이탈리아 각 지방의 피자는 그곳의 자연환경과 그곳 사람들의 독특한 삶의 관계 속에서 매우 다양하게 변화했다. 그리고 글로벌 음식이 된 지금도 세계 각 자연과 사회의 특징에 따라 각기 다른 방식으로 혼종화되고 있다. 다채로운 토핑으로 가득 채워진 한국식 피자를 생각해 보라. 또 전날 과음으로 피폐해진 몸을 추스르기 위해 해장 음식으로 피자를 먹는 미국인들을 생각해 보라.

그런데 음식의 혼종성이 전 세계적으로 확산되고 있는 요즘에도 현지 음식을 경험하는 것 자체가 참으로 고역인 사람들이 있다. 음식은 모든 사람에게 똑같은 맛과 즐거움을 주지 않는다. 생물학적으로나 문화적으로 각자의 입맛이 다르기 때문이다. 입맛은 한번 길들여지면 쉽게 변하기 힘들기 때문에 겉모습, 냄새, 맛 등이 생소한, 때로는 역겨운 어떤 현지 음식을 우걱우걱 먹기란 쉽지 않다.

특히 문화적인 차이는 절대 무시할 수 없다. 가령 이슬람교도에게 한국인이 즐겨 먹는 김밥을 권한다고 생각해 보자. 이는 예전에 내 아이의 초등학교 체육대회에서 실제로 있었던 일이다. 같은 반 학부모와 학생들이 운동장 가장자리에 모여 점심 식사를 하는 자리에 인도네시아에서 온 학생과 그 엄마가 함께했다.

학부모들은 김밥을 서로 나눠 먹으면서, 인도네시아 학생과 그 엄마에게도 김밥을 권했다. 그런데 그 엄마는 쭈뼛거리면서 난감한 표정을 지었다. 한국어를 몰라 소통도 되지 않는 상황이었다. 김밥을 건넨 학부모들은 영문을 모른 채 호의를 무시한다며 수군거리기 시작했다. 하지만 그 이유는 분명했다. 김밥에는 이슬람교도인 엄마가 먹을 수 없는 햄이 들어가 있었기 때문이다. 학부모들의 무지가 부른 해프닝이었다.

여행자라면 호기심을 갖고 현지의 음식을 접해 보자. 하지만 적응력이 뛰어난 여행의 고수라고 해도 현지 음식이 입에 맞지 않을 수 있다. 그때 입에 맞지 않은 음식이나 먹을 수 없는 음식을 억지로 먹으면 몸에 이상이 생겨 남은 여행을 망칠 수도 있다. 음식과 몸의 건강은 서로 떼려야 뗄 수 없는 관계이기 때문이다. 차라리 정말 먹기가 불편한 음식이 있다면, 솔직하게 이야기하고 먹지 않는 것이 좋다. 웬만한 음식은 가리지 않고 잘 먹는 나도 먹은 후에 찾아온 고통의 시간 때문에 여행이 무척 힘들었던 적이 있다.

2017년 여름에 떠난 중앙아시아 여행에서 나는 살을 쪼아 대는 더위와 낯선 음식들로 많은 어려움을 겪었다. 유네스코 지정 세계문화도시인 우즈베키스탄 부하라Bukhara의 그날 날씨는 섭씨 40도가 넘는 폭서였다. 물론 부하라 주민들에게는 일상적인 날씨였겠지만 말이다. 나는 실크로드 교역도시의 고색창연한 유적지를 돌아보고, 타슈켄트Tashkent행 열차를 타러 부하라역으로 이동하는 중간에 기사님의 추천을 받아 교외에 있는 '오쉬osh●' 전문 식당에 들렀다. 무척 넓은 식당은 현지 사람들로 가득했다. 더위에 지친 나였지만 그 모습을 보고는 제대로 된 부하라 음식을 맛볼 수 있겠구나 하는 기대감에 부풀었다. 그런데 당근, 토마토 등의 야채와 쇠고기를 썰어 쌀과 함께 볶아 나온 이 요리는 양고기 기름을 얼마나 많이 부어 넣었는지 어두운 조명 아래에서도 기름으로 반질거렸다. 강렬한 시각적 자극과 더불어 양기름의 누릿한 냄새가 내 몸으로 들어왔다. 맛 또한 쉽지 않았다. 기름옷을 입은 쌀밥은 풀기 없는 인디카종인데다 생쌀을 볶은 듯 식감이 둔탁했다. 거기다가 고수의 향이 진동했다. 결국 맛만 보는 정도로 반만 먹고서는 식사를 마쳤다. 그리고 열차에 오른 후부터 기름에 약한 내 장이 계속 신호를 보내기 시작했다. 하지만 이것은 고생의 시작일 뿐이었다.

며칠 후 아랄해를 보기 위해 카자흐스탄 남부의 아랄(스크)Aral'sk에 도착했다. 과거 아랄해의 큰 항구던 이곳은 아랄해가 축

● 곡식(주로 쌀)에 각종 부산물을 넣어 기름에 볶아 만든 음식으로, 우리 식으로 말하면 볶음밥이다. 영어식 표현인 '필라프(pilaf)'로 널리 알려져 있는데, 이는 터키어 '필라우(pilav)'에서 따온 말이라고 한다. 이 터키어는 고대 페르시아어 pilāw, 힌디어 pulāv, 더 위로는 산스크리트어 pulāka를 어원으로 하고 있다. 이는 쌀을 주식으로 하는 남부아시아 계절풍 문화권에서 유래한 음식이 동서로 확장되었음을 보여 주는 증거다. 현재 오쉬는 전 세계적으로 각 지역에 맞게 변용되었는데 중앙아시아의 고려인들은 이 음식을 '지름밥'이라고 부른다. 기름에 볶은 밥이라는 뜻이다.

소되면서 이제는 육지 한가운데의 사막도시가 되었다. 도시의 잿빛 건물들은 사막의 모래바람을 맞아 가며 황량하게 서있었다. 과거의 융성하던 항구도시의 흔적들을 살피러 아랄역사박물관The Regional History and Aral Sea Museum을 찾았다. 가슴에 훈장을 주렁주렁 달고 있는 한 인물의 사진이 내 머릿속을 깊게 파고들었다. 그녀의 이름은 놀랍게도 '김분옥'이었다. 고려인들이 이곳까지 들어와 아랄해의 화려한 도시를 만드는 데 일조했던 것이다.

도시의 성쇠와 함께한 고려인들의 삶을 상상하며, 고려인 식당을 찾았다. 이곳에 고려인 식당이 있으리라고는 전혀 생각하지 못했기에 더욱 반가웠고, 그리운 한국 음식을 먹을 생각에 기대감이 솟아올랐다. 이 카자흐스탄식 고려인 식당의 이름은 '친선Chin-son'으로 일종의 퓨전 음식들을 팔고 있었다. 하지만 종업원과 한국어로는 의사소통이 불가능했기 때문에 손짓과 소리짓을 해가며 사진을 보고 맛나 보이는 음식들을 주문했다.

음식이 나오자마자 한국 음식과 비슷한 맛에 이 정도면 충분하다는 생각으로 주린 배를 허겁지겁 채웠다. 제법 포만감도 느껴졌다. 그러나 역시 문제는 음식의 기름이었다. 원래 삼삼하던 고려인들의 북한식 음식이 중앙아시아식 양기름과 만나 새롭게 태어난 것이다. 그 음식들은 내 입에서 거부할 정도는 아니었지만 배 속으로 들어가자 요동을 치기 시작했다.

몸의 신호는 다음 날까지 계속되었다. 그리고 아랄해로 가는 비포장 도로를 덜컹거리며 달리는 지프차에서 신호는 더욱 강해졌다. 결국 하얀 뭉게구름 떠가는 하늘 아래 푸른 물결이 넘실대는 아랄해에 도착하자마자 나는 낙타들이 한가로이 풀을 뜯던 작은 덤불숲 근처에 쪼그리고 앉아야만 했다. 작은 덤불숲은 나무 한 그루 없는 황량한 사막에서 내 몸을 가릴 수 있는 유일한 곳이었다. 그곳에서 나는 낙타와 얼굴을 마주하고 앉아, 우리가 똑같은 신진대사를 하는 동물이라는 것을 다시금 깨달았다.

누군가는 의지로 못할 게 무엇이냐고 반문할지도 모르지만, 여행에서는 마음만큼 몸도 중요하다.

적응력이 뛰어난 여행의 고수라고 해도
현지 음식이 입에 맞지 않을 수 있다.
나 역시 하얀 뭉게구름 떠가는 하늘 아래 푸른 물결이 넘실대는
아랄해에 도착하자마자 낙타들이 한가로이 풀을 뜯던
작은 덤불숲 근처에 쪼그리고 앉아야만 했던 적이 있다.

지리적 상상력을 펼칠 수 있는
최상의 무대, 전망대와 버스

　요즘에는 여행을 준비할 때 각 여행지 간의 이동 문제는 인터넷지도를 통해 해결하는 경우가 많다. 최신 인터넷지도들이 출발지에서 목적지로 가는 경로와 소요 시간, 심지어는 대중교통 시간표까지 제공해 주기 때문이다. 여행지에서 이동할 때도 마찬가지다. GPS를 장착한 내비게이션이 여행자의 이동 경로를 알려 주어 길에서 헤매는 시간을 대폭 줄여 준다. 과학기술의 발달로 여행의 준비와 과정이 무척 편리해진 것이다.

　그런데 여기서 생각해 보아야 할 것은 사람들이 어떻게 하면 여행지에 제대로 도착할 수 있을까만 고민하지, 여행지에서 여행지로 움직이는 과정 자체는 고민하지 않는다는 점이다. 여행지를 이동하면서 차창 밖에 펼쳐지는 경관을 감상하는 일은 여행 중에만 즉석으로 누릴 수 있는 큰 즐거움이다. 더 나아가 지리적 상상력을 발휘해 그 특성들을 비교하고 연결 지으며 각 지점들을 아우르는 전체의 맥락을 파악하는 것은 여행의 희열이다. 하지만 아쉽게도 이를 놓치는 사람이 의외로 많다.

많은 사람이 여행지를 이동할 때 스마트폰 애플리케이션을 통해 자신이 지금 어느 위치에 있는지 살펴보기에 급급하다. 또는 그저 여행으로 피곤해진 심신을 달래기 위해 휴식을 취하거나 잠을 잔다. 하지만 이런 이동으로 점철된 여행은 순간 이동과 다를 바 없다. 여행에 지점과 지점만이 존재할 뿐, 그 사이의 과정이나 연결성은 사라져 있는 것이다. 지점들 사이에 펼쳐진 경관들은 상호 관계를 맺으며 전체적인 맥락을 구성하는데, 모든 경관은 그러한 맥락 속에서 자기 자리를 잡고 있다. 부지런한 여행자라면 지점과 지점을 이동하는 시간도 소홀하게 여기지 않고, 경관에 대한 즐거운 지리적 상상을 이어 가야 하는 이유다.

맥락을 읽어야 보이는 중국의 이슬람 문화

과거부터 현재까지 한곳에만 뿌리를 내리고 살아가는 사람들도 있지만 그들의 삶 역시 교역, 전쟁, 정복 등의 과정을 통해 바깥 세계의 사람들과 끊임없이 교류된다. 그 결과, 물자, 생각, 문화 등이 경계 너머 지역과 연결되거나 혼종화된다. 여행 중 만나는 크고 작은 경관들을 통해 그러한 지역 간 연결과 문화적 혼종화를 발견하는 일은 참으로 흥미롭다. 그렇기 때문에 여행의 각 지점과 지역을 맥락적인 관점에서 들여다볼 필요가 있다.

중국의 주요 도시에는 이슬람교의 예배당인 모스크가 시내 한복판에 제법 큰 규모로 자리 잡고 있는 경우가 많다. 만약 여행하다가 이를 우연히 보게 된다면, 뜻밖의 모습과 적지 않은 규모에 놀랄 것이다. 중국 문화 속에 떡하니 자리 잡고 있는 이슬람 문화라니. 중앙아시아와의 접경에 위치한 신장위구르新疆維吾爾자치구야 애당초부터 이슬람교도이던 투르크계 유목민족이 주류를 이루고 있었다지만, 중국 동부의 한漢족 지역에서도 이 두 문화가 자연스럽게 혼재되어 있다면 상상이 되는가?

2010년 8월, 나는 중국 헤이룽장성의 성도 하얼빈哈爾濱과 랴오닝성의 성도 선양瀋陽에서 모스크를 찾아 나선 적이 있다. 두 도시의 모스크에 대해 사진을 미리 보면서 정확한 위치를 파악해 두었기에 이를 찾는 것은 그리 어렵지 않았다. 그런데 선양에 있는 청진사淸眞寺라는 모스크에 갔을 때는 그 이름부터가 혼란스러웠다. 우리말에서 으레 불교 사찰을 의미하는 한자 '寺'가 이슬람 사원을 가리키고 있었기 때문이다. 현장에 도착하자 그 장소의 오라(아우라)Aura 역시 오묘했다. 만약 정보를 미리 확인하지 않은 채 그 경관을 대했다면 모스크라는 사실을 알아채기 쉽지 않았을 것이다. 그 안의 건물 역시 중국식 전통 기와집의 모습을 하고 있어 불교 사찰이 아닐까 하는 의심도 들었다.

사실 근처에 내가 찾는 모스크가 있겠구나 짐작한 것은, 모스크 안내 간판과 건축물의 모습이 아니었다. 바로 하얀색 원통형 모자를 쓰고 길가에 앉아 있는 어떤 할아버지 때문이었다. 한족의 외모였지만 하얀색 모자를 쓰고 있는 모습은 다른 중국인들과 확실히 달랐다. 회족●이라는 의미였다. 청진사를 중심으로 이 소수민족이 모여 사는 동네가 형성되어 있었다. 그리고 길 건너편에는 이슬람식 할랄 음식점들이 모여 있었다. 그 입구의 문에는 양파 모양의 푸른색 돔형 지붕이, 그 아래에는 '청진사식가淸 眞寺食街'라는 간판이 달려 있었다.

청진사 경내로 들어섰다. 입구 안쪽으로 들어서니 한자어 문장이 새겨진 여러 개의 비석들이 세워져 있었다. 한국의 절 입구에 세워져 있는 비석들과 그 모습이 비슷했다. 여러 채의 고색창연한 기와집들은 군데군데 마당을 사이에 두고 옹기종기 모여

● 과거 실크로드를 통해 그리고 대양 루트를 통해 중국에 들어온 아라비아 상인들이 이들의 시조다. 그들은 현지에 정착해 결혼했고 후손들이 계속 이어지면서 중국 전역으로 확산되었다. 이들은 원나라 때만 해도 색목인(色目人)이라 불릴 정도로 외래적인 외모를 지니고 있었으나, 오늘날에는 그 특색이 거의 없어졌다. 인종적으로 거의 동화가 이루어진 셈이다. 하지만 그들의 이슬람 문화는 혼종화 과정을 거치면서 오늘날까지 이어지고 있다.

만약 여행자들이 이를 우연히 알아채게 된다면,
뜻밖의 모습과 적지 않은 규모에 놀랄 것이다.
중국 문화 속에 번듯하게
자리 잡고 있는 이슬람 문화라니.

있었다. 영락없는 중국 명·청 시대 전통의 사합원四合院형 주택양식●이었다. 다만 미네라트●● 기능을 하는 누각 지붕 꼭대기 위의 초승달 문양 장식이 이곳이 모스크임을 알려줄 뿐이었다. 그리고 내부 예배당에 들어가 미흐랍●●●과 민바르●●●●를 보고 나서야 이곳이 모스크라는 것을 확신할 수 있었다.

시베리아 평원 한가운데에서 유대인의 디아스포라를 상상하다

2011년 여름, 나는 러시아 블라디보스토크Vladivostok에서 이르쿠츠크Irkutsk까지는 시베리아 횡단열차를, 다시 이르쿠츠크에서 몽골의 수도 울란바토르Ulaanbaatar까지는 몽골 횡단열차를 타고 가면서 주변 지역을 여행하려는 계획을 세웠다. 그리고 이 여행을 준비하면서 여정과 동선을 짜고 그 주변의 방문 지점을 정하기 위해 지도 놀이에 빠져들었다.

그때 지도의 한 지명이 내 눈에 밟혔다. 바로 '유대인자치주Jewish

● 사방에 ㅁ자형으로 건물을 세워 외부와 격리시켜 놓는 중국의 전통 건축양식이다.
●● 이슬람 사원의 종탑을 말한다.
●●● 메카 방향의 화려한 벽면을 말한다.
●●●● 예배를 집도하는 교단의 집도자 이맘의 계단형 자리를 말한다.

Autonomous Oblast'였다. 이는 러시아 영토 내에 존재하는 엄연한 하나의 주州였다. 더군다나 러시아 유일의 유대인자치주였다. 러시아 모스크바Moscow에서 멀리 떨어진 연해주 외진 곳에 유대인자치주라니 호기심이 확 당겼다. 러시아유대인자치주의 주도 비로비잔Birobidzhan은 하바롭스크Khabarovsk에서 서쪽으로 150킬로미터 떨어져 있고, 중국과의 국경까지는 불과 75킬로미터 떨어진 곳에 위치해 있었다. 아마도 이스라엘에서 가장 멀리 떨어져 있는 독자적인 정치·행정 단위로서의 유대인 집거지가 아닐까 싶었다.

하바롭스크에서 버스를 타고 아스팔트가 뭉텅뭉텅 뜯겨 나가 차선도 없는 불량한 도로를 약 네 시간 정도 달렸다. 여름철 아무르강은 푸르스름한 잿빛의 잔물결을 일렁이며 저평한 대지를 흐르고 있었다. 이 물결을 따라가면 저 건너 중국에 다다를 것이었다. 북한도 그리 멀지 않을 것이었다. 실제로 하바롭스크의 버스에서 북한 사람 여럿과 마주하기도 했다. 초록 물결로 광활하게 펼쳐진 동시베리아의 초지는 사람의 손길을 기다리는 듯 무거운 여름 햇살을 받치면서 군데군데 갈색 땀을 흘리고 있었다. 과거 소련이던 시절에 둔탁하게 가동되었을 대형 공장 건물들은 군데군데 버려진 채 을씨년스럽게 녹슬어 가고 있었다. 그 너머에는 하얀 허리 속살을 현란하게 드러낸 자작나무들이 숲을 이루고 있었다. 버스는 어느 철도 건널목에서 시베리아 횡단열차가 지나가는 동안 멈춰 섰다. 모스크바에서 나흘 밤낮을 달려왔을 시베리아 횡단열차가 자작나무 숲으로 빨려 들어갔다. 멈춘 것 같은 시베리아의 시간 속에서 횡단열차도 점점 더 느리게 멀어져 갔다.

한참을 달리다 보니 짙은 갈색의 시베리아식 목조 가옥인 이즈바*가 군데군데 나타났다. 불량한 도로에서 난폭 운전을 불사하던 러시아인 버스 기사는 담배를 피워야겠다며 한 이즈바의 가판대 앞에 차를 멈춰 세웠다. 그곳에는 블랙베리와 감자 그리고 야채들이 시베리아의 강렬한 여름 햇살 아래 널브러져 있었다. 그 뒤로 나무판자를 이은 푸세식 화장실이 독채로 떨어져 쓰러질 듯 비스듬한 모습으로 고약한 냄새를 풍기고 있었다. 그 옆집의 넓은 창 안에서 하얀색 커튼이 살짝 걷히며 희붉은 피부의 어머니와 아들이 얼굴을 빼꼼히 내밀었다. 낯선 방문객들의 인기척에 집 뒤쪽에서 일하던 구릿빛 얼굴의 여인도 스카프로 머리를 두르고 작업복 차림새 그대로 나왔다. 아마 우크라이나 출신 슬라브족의 농가에 예속되어 일하는, 아제르바이잔 출신 하인인 듯했다. 그렇게 유럽, 러시아, 중앙아시아에서 시베리아 횡단열차를 타고 이곳에 당도한 사람들…… 유대인들도 그 한 부

● 러시아 서민들의 통나무 전통 주택을 말한다.

류였을 것이다.

이곳에 유대인들이 처음 도착한 것은 1928년으로, 과거 소련 정부가 본격적으로 동시베리아를 개척하기 시작한 때였다. 그 행렬에 포함된 유대인들은 대부분 서부 러시아와 우크라이나, 벨라루스에 살고 있었다. 19세기에 미국이 서부를 개척했듯, 20세기의 러시아는 동부 지역을 개척하고자 했는데, 그곳이 바로 시베리아였다. 엄밀히 말하자면, 상대적으로 자연 조건이 양호한 시베리아의 남부, 즉 바이칼 호수의 양 옆으로 이어지는 지역이었다. 유대인들 중 일부는 소련 사회주의 정부의 유대인 탄압에 의해 강제적으로 이주했지만 일부는 개척의 꿈을 안고 자발적으로 시베리아 횡단열차에 몸을 실어 동으로 동으로 이동했다. 척박한 동토의 땅은 그렇게 서쪽에서 온 이방인들에 의해 조금씩 개척되어 갔다.

유대인 디아스포라의 물결이 최고조를 이룬 1940년대에는 이곳의 유대인 인구가 약 20만 명에 이르렀다고 한다. 하지만 지금은 이스라엘 고토故土로의 회귀 이주와 하바롭스크 등 주변 대도시로의 이주로 약 4000여 명 정도만 남아 있다. 그래도 행정 구역명은 여전히 '유대인 자치주'이고, 그 문화와 경관도 곳곳에 펼쳐져 있다.

사무실 직원의 안내를 받아 시내 한복판에 자리 잡은 유대인 교회당 시너고그와 유대인 공동묘지 안으로 유대인 남자가 쓰는 검은색 모자 키파를 쓰고 들어가 보았다. 옅은 노란색의 움푹 패인 벽면에 촛불들이 빛나고 있었고, 여기저기의 검은색 테이블보에는 히브리어 문구가 선명하게 새겨져 있었다. 몇 년 전 중국의 하얼빈에서 본, 지금은 박물관으로만 사용되고 있는 웅장한 규모의 시너고그가 머릿속에 희미하게 중첩되었다.

밖으로 나와 비로비잔의 기차역 광장으로 가보니 시원한 분수 한가운데에 유대교 교회당에서 사용하는 독특한 모양의 촛대인 메노라 조각상이 우뚝 솟아 있었다. 분수 물줄기를 벗 삼아 팬티만 입고 놀던 짙은 피부색의 홀쭉한 아이들이 내게로 다가왔다. 아기를 업은 그들의 엄마도 뒤따라와 구걸했다. 유럽에서 본 영락없는 집시의 행색이었다. 이들은 어찌하여 이곳까지 흘러들어 왔을까? 약 100년 전 유라시아 대륙의 동쪽 끝인 비로비잔과 만주 벌판의 하얼빈 일대에서 펼쳐졌을 유대인과 집시들의 장고한 여정을 상상하면서 나는 앎의 희열을 느껴 갔다.

우리가 여행지에서 보게 되는 특정한 장소와 경관 그리고 거기에 살고 있는 사람들의 삶은 지리적으로나 역사적으로 아주 독특한 맥락에 처해 있다. 예를 들어 아시아에 있는지 유럽에 있는지, 유럽에서도 북부에 있는지 남부에 있는지, 더 나아가 남부 유럽에서도 해안가에 있는지 내륙에 있는지 그 맥락에 따라 상당한 차이가 나타난다. 우리가 사는 지역과 여행지가 처해 있는 독특한 맥락은 분명 다르다. 따라서 여행이란 맥락의 이동이라고 할 수 있다. 그리고 세계 각 지역의 맥락을 상상하고 지리적 앎으로 승화시키는 여행은 커다란 희열을 가져다준다.

도시 전체를 한번에 조망하는 눈, 전망대

맥락을 파악하기 위해서는 우선적으로 넓은 지역을 아우르는 지도를 살펴봐야 한다. 장소와 경관 하나하나는 일종의 숲속 여기저기에 흩어져 있는 생물과 무생물 같은 개별적인 요소들이다. 이것들은 결코 분리되어 독자적으로 존재하지 않으며, 상호 밀접한 연관 속에서 제자리를 지키고 있다. 따라서 구성 요소들 각각을 제대로 경험하고 이해하고자 한다면 그것들이 속해 있는 전체 숲의 특성을 파악할 필요가 있다.

그런데 2차원 평면 위에 개념화되고 기호화되어 있는 지도는 실제 모습을 생생하게 전해 주지 못한다. 그래서 나는 여행자들에게 가장 높은 곳에 올라가 도시 전체를 조망하라고 말해 주고 싶다. 마치 숲 밖에서 숲 전체를 바라보듯 가장 높은 곳에 올라 여행지 전체를 조망하는 것이다. 이러한 작업은 장소와 경관이 처한 맥락을 파악하고, 그 속으로 들어가 개별적인 장소와 경관들을 살펴보는 데 도움을 준다.

가령 중국 동북 지역 최대 도시인 선양 일대의 흥미로운 장소와 경관들을 맥락으로 파악하고 싶다면 랴오닝라디오텔레비전 탑辽宁广播电视塔에 올라 보자. 이곳에 올라 사방을 둘러보면, 저 멀리 광활하게 펼쳐지는 만주 벌판과 선양의 젖줄을 이루고 있는 랴오허강을 볼 수 있다. 그리고 그 한가운데에 위치한 선양을 상상하게 된다. 선양 시내를 내려다보면, 랴오허강의 지류인 훈강과 여기에서 이어진 내륙 수로가 도시 곳곳을 관통하는 모습을 볼 수 있다. 또 약 1000만 명의 인구를 수용하고 있는 이 도시가 랴오허강 너머 남쪽으로 확산되고 있는 모습도 볼 수 있다. 동쪽의 거대한 화력발전소에서 쉼 없이 토해 내는 둔중한 잿빛 연기는 선양이 풍부한 지하자원을 바탕으로 중국 제일의 산업화 도시의 위상을 지니고 있음을 여실히 보여 준다. 구도심의 건물 숲 중간에는 다행스럽게도 넓은 면적의 초록 물결이 펼쳐져 있어 뿌연 매연에 휩싸인 공업도시에 숨통을 틔워 준다.

비행기에서 구름 아래로 아스라이 펼쳐져 있는 땅의 모습을 내려다보면 마치 새가 된 것 마냥 여행자의 마음은 흥분된다. 북한산이나 남산타워에서 보는 서울 전체의 모습은 그 자체로 아름답지 않은가? 이러한 전망대 지리를 가능하게 하는 높은 건물들이 세계 주요 여행지에서 인기 명소로 손꼽히는 이유가 바로 여기에 있다. 아랍에미리트 두바이Dubai의 부르즈 칼리파Burj Khalifa, 중국 상하이上海의 상하이타워上海中心大厦, 미국 시카고의 윌리스 타워Willis Tower, 대한민국 서울의 롯데월드타워 등 세계 주요 도시의 마천루는 경쟁적으로 그 높이를 높이고 있으며 예외 없이 그 꼭대기에 전망대를 설치하고 있다. 한때 최고의 지위를 누리며 영화에도 자주 등장해 기성세대의 머릿속에 깊이 남아 있는 뉴욕의 엠파이어스테이트빌딩Empire State Building은 이제 상대적으로 초라한 모습이 되었다. 이 밖에도 프랑스 파리Paris의 에펠탑Eiffel Tower, 캐나다 토론토Toronto의 씨엔타워CN Tower, 미국 시애틀Seattle의 스페이스니들Space Needle, 일본 주요 도시의 텔레비전타워* 등 철제 구조물로만 이루어진 키다리 전망대도 많다. 이 전망대들은 고층 건물과는 달리 다양한 디자인을 가지고 있기에 모양 그 자체로도 눈길을 끌 만하다. 그뿐만 아니라 현재 세계 주요 도시에 근대화의 상징으로 자리매김하고 있다.

높은 건물이나 타워가 없는 작은 도시나 마을이라면 어떻게 해야 할까? 이런 경우에는 근처 산에 올라 전체를 조망하는 방법이 있다. 라오스 루앙프라방의 푸시산Mount Phousi에 오르면 메콩강 줄기에 둘러싸인 루앙프라방Luang Prabang의 평화로운 모습이 한눈에 들어온다. 정상에서 새장에 갇힌 새를 방생하는 이들의

● 일본에는 '테레비타워'라는, 그 이름만으로도 향수를 불러일으키는 타워가 주요 도시의 랜드마크로 자리 잡고 있다. 도쿄, 나고야, 삿포로, 벳푸 등 일본의 주요 도시에서 현재 전망대로 사용되고 있는 이 타워들은 원래 방송 전파 송신용으로 만들어졌는데, 그 모양들도 아주 비슷하다. 대부분 나이토우 타추우(内藤 多仲)라는 건축가가 설계해서 만들었다고 한다. 대한민국의 주요 도시에도 서울 남산타워, 대구타워 등 그 모양은 다르지만 모두 방송 전파 송신용으로 건립된 타워들이 여럿 존재한다.

성스러운 의식을 보고 있노라면 불교의 신비로운 세계관을 어렴풋하게나마 이해할 수도 있다. 또 천공의 성, 이탈리아 시칠리아의 에리체Erice로 오르는 길은 오금이 저릴 정도로 위압적이다. 에리체는 산 위에 있는 작은 마을로, 이곳에 오르면 지중해의 푸른 물결이 서쪽의 작은 도시 트라파니Trapani를 잔잔하게 애무해주는 모습과 해안에 가지런히 정돈된 소금밭이 석양빛에 타오르는 모습 그리고 풍요로운 포도밭과 밀밭이 부드러운 곡선으로 펼쳐져 있는 내륙이 내려다보인다. 이를 보면 시칠리아Sicilia가 지닌 천혜의 자연환경과 맛난 음식 문화가 필연적으로 연결될 수밖에 없었음을 이해할 수 있다. 일본 하코다테函館산의 전망대에서 내려다보는 하코다테 항구와 시내 모습은 또 어떠한가. 석양이 질 무렵이면 자칭 세계 3대 야경이라고 주장하는 화려한 도시의 불빛이 검은 그림자를 드리운 산들에 막혀 더욱 선명하게 반짝인다. 그 선명한 야경은 산들에 막힌 홋카이도 남쪽 끝의 고립된 항구인 하코다테가 어떤 이유로 1854년에 일본 최초의 개항장으로 선택되었는지를 짐작하게 해준다.

산이 없는 평야 지역의 도시나 마을이라도 상대적으로 가장 고도가 높은 인공적인 건물이 있게 마련이다. 종교 기능을 수행하며 주민들 삶의 구심점 역할을 해주던 종교 시설의 첨탑, 종탑이나 조금이라도 하늘을 가까이 관측하기 위해 건립된 천문대 건물 등은 훌륭한 조망을 선사한다. 루마니아 콘스탄차주의 주도 콘스탄차Constanta에는 의외로 큰 규모의 모스크가 있는데, 일반인들에게 개방된 미네라트에 오르면 흑해를 굽어보고 있는 이 도시의 모습이 한눈에 들어온다. 흑해 반대편에서 흑해를 따라 밀고 들어왔을 타타르인들의 말발굽 소리도 들리는 듯하다. 동네 뒷산이라고 부를 만한 것조차 전혀 없는 저평한 도시인 덴마크의 코펜하겐Copenhagen을 조망하려면 17세기에 천문 관측을 위해 건립된 원형탑에 올라야 한다. 폭이 넓은 완만한 비탈로 계단 없이 이어진 나선형 통로를 어지럽게 돌고 돌아 정상에 오르면, 빨간 지붕의 고풍스런 주택들과 뾰족한 첨탑의 교회들 그리고 그 바깥으로 바다에 인접한 현대식 고층 건물들이 밀도 높게 붙어 있는 모습을 볼 수 있다. 이 도시가 발트해의 서쪽 끝자락에 위치해 근대 이후 발트해와 북해를 이어 주는 무역의 거점으로 성장하게 되었다는 점을 생각하며 멀리 눈을 돌리면 외레순 다리가 보인다. 바다를 가로질러 이제는 유럽과 스칸디나비아반도를 이어 주는 중요한 역할을 하는 다리다. 아제르바이잔의 수도 바쿠Baku에 있는 원통형 모양의 메이든타워Maiden Tower는 과거 조로아스터교의 예배소였다가 이후 천문관측소로 사용된, 그 자체로 매우 훌륭한 볼거리다. 30미터 정도의 높이에 불과하지만 정상에서의 '전망대 지리'는 무척 훌륭하다. 유네스코 세계문화유산인 바쿠 구도심과 그 너머의 현대식 고층 건물들 그리고 카스피해의 장엄한 기운을 한번에 굽어보면서 서양과 동양의 이

천공의 섬 이탈리아 시칠리아의 에리체로 오르는 길은
오금이 저릴 정도로 위압적이다.
하지만 위에 오르기만 하면 해안에 가지런히 정돈된
소금밭이 석양빛에 타오르는 모습,
풍요로운 포도밭과 밀밭이
부드러운 곡선으로 펼쳐져 있는 내륙 등
천혜의 자연환경이 한눈에 내려다보인다.

분법적 구분을 모호하게 하는 독특한 맥락을 볼 수 있다.

산이 없는 평야 지역에 자리한 도시에서 전망대 지리를 실천할 수 있는 또 하나의 대안은 관광용 놀이 기구인 대관람차[•]다. 둥근 원을 그리며 하늘을 향해 천천히 올라가는 대관람차는 산 위의 전망대와는 달리 사방은 물론이고, 상방과 하방으로 도시 전체를 조망하게 해준다. 영국 런던의 템스 강변에 위치한 대관람차 런던아이London Eye는 맑은 날 가장 높이 올라가면 반경 40킬로미터까지 시야가 확보된다. 도심과 주거 지역은 물론, 더 멀리에 있는 저평한 농경지까지 런던 전체를 바라볼 수 있어 각각의 장소와 경관들을 점점이 직시하는 재미를 느낄 수 있다. 런던아이는 말 그대로 런던을 한 번에 조망할 수 있는 런던의 '눈'이다. 싱가포르Singapore의 대관람차 플라이어Flyer는 해안가 평지에 위치한 싱가포르의 지리적 맥락을 살펴보기에 안성맞춤이다. 여기에 오르면 믈라카해협에 둥둥 떠있는 수많은 화물선들이 눈길을 사로잡는데, 이를 통해 인도양과 태평양을 잇는 국제무역항인 싱가포르의 위상을 분명하게 확인할 수 있다. 또한 인도양

● 대관람차는 19세기 말 제국주의 세력들의 근대화 과정에서 국가 간 치열한 기술 경쟁의 산물로 출현했다. 당시 제국의 도시들은 세계박람회를 개최하며 자국의 근대화된 기술력을 과시했는데, 1889년 파리 세계박람회에서 첫 선을 보인 에펠탑이 고공 확장 경쟁에 불을 지핀 최초의 경관이었다. 대관람차는 이에 필적하는 '하늘로의 비상'을 실현하기 위해 미국인 기술자 페리스(George Washington Gale Ferris Jr.)가 1893년 시카고 세계박람회에서 만든 발명품이다. 대관람차의 영어 명칭은 그의 이름을 따 페리스 휠(Ferries Wheel)이라고 부른다.

으로부터 온 유럽, 아랍, 인도 세력들과 태평양으로부터 온 동남
아시아, 중국 세력들이 말레이반도의 토착 세력들과 만나 만들
었을 독특한 싱가포르의 역사와 문화도 짐작할 수 있다.

지리학자는 전망대에서 내려오면 버스를 탄다

이제 높은 곳에서 내려와 맥락 속의 구체적인 경관과 장소들
을 하나씩 살펴보자. 이때 버스는 여행지 주민들의 삶을 있는 그
대로 볼 수 있는 참 좋은 수단이다. 대중교통이므로 가장 저렴한
교통수단임은 두말할 필요가 없다. 땅속을 두더지처럼 빠르게
움직이는 지하철과 달리 버스는 시내외 구석구석을 달리므로
몸을 싣고 그저 물끄러미 차창 밖 경관을 살펴보면, 그곳 주민들
의 일상이 한눈에 들어온다. 2층 버스라면 더 좋은 각도에서 차
창 지리를 경험할 수 있다.●

시간적으로 여유가 없는 여행자들에게는 시티투어 버스를 추
천하고 싶다. 가치 있는 경관과 장소를 많이 가지고 있는 여행

● 런던의 상징인 빨간색 2층 버스는 도시의 구석구석을 거미줄처럼 연결해 준다. 버스의 2층 맨 앞자
리에 앉아 탁 트인 시야로 런던을 둘러보는 일은 비가 자주 오는 런던에서 편안하게 비를 피하며 차
창 지리를 실천할 수 있는 최고의 방법이다. 특히 런던을 남북으로 가로지르는 88번 버스는 주요 관
광지를 이어 주는 황금 노선으로, 인기가 높다.

친화적 도시에서는 가격이 만만치 않을 수도 있지만, 하루 동안 무제한으로 승하차가 가능하고, 어떤 경우에는 이어폰을 통해 설명도 들을 수 있어 여행의 재미를 한 단계 높여 주기 때문이다. 멀리서 찾을 필요도 없다. 서울이나 부산에도 시티투어 버스*가 있다. 지방의 주요 도시에서 지방정부가 직접 운영하는 시티투어 버스도 제법 많다.

나는 볼거리가 많고 여기저기 흩어져 있는 유명 도시에서는 이 시티투어 버스를 적극 이용한다. 우선 버스에 탑승해 중간에 내리지 않고 그냥 한 바퀴를 돌아 기점으로 돌아오는 것부터 해 본다. 그러면 전망대 지리에서 확인한 전체 윤곽을 바탕으로, 차창 지리를 통해 실제 현장에서 주요 경관과 장소들을 확인할 수 있다. 더불어 정류장과 정류장 사이에 펼쳐진 경관과 사람들의 모습도 눈여겨 살펴보자. 특이하고 낯선 것들이야 당연히 눈에 밟히겠지만, 평범하고 익숙해 보이는 것들조차도 곰곰이 보고 있노라면 그 속에 숨겨진 낯선 것들이 드러나곤 한다. 전체의 맥

● 서울 시티투어 버스는 4개의 노선을 운영하고 있는데, 이 중 'A코스(도심고궁남산)'는 광화문을 기점으로 덕수궁, 남대문시장, 서울역, 전쟁기념관, 국립중앙박물관, 창경궁, 인사동 등을 거쳐 다시 광화문으로 돌아오는 것으로 되어 있다. 사실 내국인들은 이를 외국인 여행자들을 위한 것으로 생각하여 별 관심을 갖지 않는 경향이 있다. 자기 동네의 낯익은 곳을 도는 버스이기에 굳이 타보겠다는 생각을 하지 않는 것 같다. 그런데 나는 내국인들도 이 버스를 타보길 권하고 싶다. 낯익은 자기 동네의 모습일 테지만, 스스로를 여행자라 생각하고 타면 신선한 여행이 될 것이다. 또 하나 대한민국의 시티투어 버스들은 외국에 비해 훨씬 저렴하다는 장점이 있다.

락 속에 위치한 작은 요소들이 서로 연결되어 있음을 확인하는 재미가 솔솔 올라오는 것이다.

그런 후 애당초 방문하고자 계획한 곳이나 차창 지리를 통해 새롭게 끌리게 된 곳에 내려 자세히 살펴본다. 아주 구체적인 것들까지 눈에 들어올 것이다. 이때 시각 외의 다른 감각들도 작동해 공감각적인 경험을 하게 되는데 이 과정에서 지역의 맥락을 한눈에 볼 수 있다. 지역 전체를 조망하는 전망대 지리와 지역 내 경관과 장소를 구체적으로 응시하는 차창 지리가 상호 보완되어야 하는 이유다.

현재가 살아 숨 쉬는
박물관, 시장, 원주민 마을

자연 세계를 구성하는 다양한 요소는 서로의 부족함을 채워 주면서 전체적인 조화를 이룬다. 그래서 아름답다. 또 다름은 낯설지만 그렇기에 호기심이 당기고, 재미있다. 생태학자 최재천 역시 "다르면 다를수록 세상은 더욱 아름답고 특별하다."라고 말하며 자연 세계의 생물학적 다양성을 예찬한 바 있다. 자연 세계의 일부인 인간도 세계 각처에서 무척이나 다양한 모습으로 살아가고 있다. 그래서 아름답고 특별하다. 그들이 처해 있는 자연경관과 그들이 만들어 내는 문화경관도 마찬가지다. 모두 나름대로의 특성을 지닌 채 서로 다른 모습으로 존재하며, 만나서 새로운 것들을 만들기도 한다. 만약 이 세상이 서로 비슷하거나 같은 것들로만 채워져 있다면 무슨 재미가 있겠는가? 굳이 여행을 떠날 이유도 없을 것이다. 여행은 낯선 것들을 경험하고 이를 통해 즐거움과 깨달음을 얻는 기회이기 때문이다.

그런데 최근 글로벌화의 바람이 국경의 장벽을 약화시키면서 전 세계를 하나로 통합시키고 있다. 이러한 통합의 흐름을 속단하는 사람들은 세계 각 지역의 문화적 다양성이 글로벌화의 물결 속으로 서서히 사라질 것이며, 이 세계는 결국 편평한 모습으로 획일화될 것이라고 주장한다. 대한민국 구석구석을 엄청난 속도로 파고드는 스타벅스 카페를 생각해 보라. 커피는 이제 한국인의 대표 음료라고 해도 과언이 아닐 정도로 우리 생활의 일부가 되었다. 한국의 경우 글로벌 영향력이 잠식하는 속도와 범위가 가히 놀랄 만하다.

그런데 우리의 문화가 자본주의 서구 사회의 문화와 같은 모습으로 변해 가고 있다고 말할 수 있을까? 또 문화적인 측면에서 낯선 것들이 사라져 가는 형국이라면 우리가 굳이 여행을 떠나야 할 이유가 있을까?

여행할 때 낯선 문화를 어떻게 바라볼 것인가

문화는 인간의 생활양식이라고 정의할 수 있다. 이러한 생활양식으로서의 문화는 두 가지 방식으로 탄생한다. 하나는 자연 환경에 적응하는 과정에서 만들어지는 적응 체계로서의 문화고, 다른 하나는 인간만이 소유하고 있는 관념화, 상징화 능력이 발휘되어 만들어지는 관념 체계로서의 문화다. 히잡에서 부르카에 이르기까지 얼굴과 몸을 가리는 이슬람교 여성들의 독특한 복장 문화를 살펴보자. 이는 이슬람교의 교리에 따라 만들어진 원칙이지만 서구 사회의 관점에서 보면 여성 억압의 상징으로 비추어지는 관념 체계로서의 문화라고 할 수 있다. 물론 이를 중동 및 북아프리카 지역 사람들이 작렬하는 직사광선과 모래바람을 막기 위해 온몸을 가린 적응 체계로서의 문화로 보는 관점도 있다. 두 가지 방식의 문화, 즉 적응 체계로서의 문화와 관념 체계로서의 문화는 각 지역마다 각기 다르게 해석된다.

또 문화는 처음 만들어질 당시의 고유한 모습 그대로 지속되지 않는다. 문화는 특정한 지역에서 기원해 시간의 흐름에 따라 주변 지역으로 확산되기 마련이다. 그런데 그 과정에서 다른 문화를 만나 충돌하고 섞이게 된다. 이는 다음과 같은 세 가지 방식으로 생각해 볼 수 있다.

첫 번째는 문화제국주의적 방식이다. 이는 제국주의 시절에 지배 세력의 문화가 식민지의 기존 문화를 밀어내고 확산된 경우다. 크리스토퍼 콜럼버스가 도착한 이후, 라틴아메리카가 탄생하면서 토착 원주민 문화를 밀어 버린 자리에 이베리아반도의 문화를 이식한 경우가 이에 해당된다. 두 번째는 문화민족주의적 방식이다. 제국주의적으로 밀려드는 외래문화에 대해 토착문화가 강하게 저항하며 그 고유성을 유지하는 방식이다. 10여년 전에 거세게 밀려드는 할리우드 영화에 맞서 한국 영화를 보호하기 위해 우리나라 정부에서 운영한 스크린쿼터 제도가 바로 그 예다.

그런데 문화제국주의나 문화민족주의적 방식은 여러 문화가 만날 때 권력 관계가 어떻게 형성되는지를 이해하는 개념일 뿐이다. 현실에서는 두 방식처럼 외래문화와 토착문화가 다른 문화를 물리치고 온전히 자리를 잡는 경우가 거의 없다. 오히려 서로가 부딪치고 섞이면서 변용된 새로운 문화가 탄생한다. 기존 문화가 얼마나 영향을 미치느냐의 정도 차이만 있을 뿐이다. 이를 문화혼합주의적 방식이라고 한다. 그리고 이것이 우리가 여행을 떠나야 하는 이유이기도 하다.

여행지의 생생한 삶을 보고 싶다면 어디가 좋을까

하지만 이러한 문화경관을 바라볼 때 우리가 알아야 할 사실이 있다. 우리는 흔히 '보이는 것이 곧 진리요, 진실이다.'라고 이야기하지만 실상은 그렇지 않다. 인간이 외부의 대상을 내면화하는 통로로 사용하는 다섯 개의 감각 중 시각이 의식에 가장 큰 영향을 미치는 것은 분명하다. 하지만 시각으로 감지되는 것이 실체의 전부라고는 할 수 없다. 실체의 모든 면이 시각적으로 드러나지는 않는 것이다. 심지어 어떤 경우에는 실체와 관계없는 허상을 보고 실체라고 믿는 경우도 있다. 보이는 것이 거짓말을 하는 것이다.

벨기에의 초현실주의 화가 르네 마그리트의 그림들은 우리의 현실과 시각적 감지가 어떤 관계에 놓여 있는지에 대해 많은 질문을 던진다. 특히 파이프 그림과 함께 '이것은 파이프가 아니다 Ceci n'est pas une pipe'라는 문장이 쓰인 〈이것은 파이프가 아니다〉라는 제목의 그림은 보이는 것과 이를 표현한 언어가 늘 진실한 것은 아니라는 메시지를 던져 준다. 그림 속에 그려진 물체를 보고 우리는 파이프라고 말하겠지만, 그것은 파이프가 아니라 파이프를 '그린' 그림에 불과하기 때문이다. 만약 이것이 실체로서의 파이프라고 한다면 불을 붙여 담배를 필 수 있을 것이다. 그러나 이 그림에 불을 붙이면 바로 타버린다. 왜냐하면 이것은 파이프가 '아니기' 때문이다. 실체로서의 파이프를 표현(재현)한 기호, 즉 물감의 특정 색깔로 그려 낸 선과 면의 조합인 것이다.

여행지의 대표 시각적 볼거리인 박물관을 통해 보이는 것의 한계에 대해 생각해 보자. 세계 주요 도시에는 다양한 종류의 박물관이 있는데, 이 중 특출한 유물을 전시해 놓고 있거나 거대한 규모를 갖추고 있는 경우 내국인은 물론이고 외국인 여행자들까지 끊이지 않고 방문한다. 가령 영국 런던의 대영박물관British Museum은 전 세계의 유물을 전시하는 영국 최대의 박물관이다. 워낙 유명한 곳인데다가 입장료도 무료라 항상 많은 인파로 붐빈다. 그런데 이곳에는 영국 내에서 수집한 유물이 그리 많지 않다. 있다 하더라도 별 주목을 끌지 못한다. 오히려 대규모로 전시된 메소포타미아와 이집트 문명, 그리스, 로마 시대의 유물들이 세계적인 관심을 끌고 있다. 이런 점에서 대영박물관은 '영국'의 유물들을 전시해 놓아서라기보다 '대영제국' 시절에 전 세계에서 반출해 온 유물들을 모아 놓았기 때문에 영국적이라고 할 수 있다.[●] 해가 지지 않는 대영제국의 화려하던 시절의 위엄과 영화를 보여 주는 것이다.

박물관은 현재의 삶이 아니라 과거의 모습을 보여 주는 곳이다. 물론 과거가 있기에 현재가 존재하므로 현재의 모습으로 이어지는 과거의 흔적들을 살펴볼 수 있다는 점에서 적잖은 의미가 있다. 하지만 그 과거는 현재에 맞게 재현된 것이다. 또한 재

● 과거 식민제국주의의 영화를 누린 선진국들의 박물관은 이집트 같은 고대 문명 지역의 고귀한 유물을 많이 소장하고 있다. 이 유물을 두고 식민지 모국과 독립국 사이에 다툼이 계속되고 있다. 독립국은 '훔쳐 간' 유물을 돌려 달라고 하고, 식민지 모국은 그 고귀한 유물들이 특정 국가가 아닌 전 세계가 함께 보듬어야 할 가치를 가지고 있기에 자기들이 많은 비용을 기꺼이 들여 체계적이고 안정적으로 관리 및 보전하고 있다는 논리를 내세워 반환을 거부하고 있다.

현은 정치적으로 이뤄진다. 즉 박물관은 권력관계가 반영되어 형성될 수밖에 없다는 말이다. 특히 국가적 차원에서 관리하는 대형 박물관의 경우, 자국 중심의 민족주의 이데올로기를 고취시키려는 정치적 목적이 다분히 반영된다. 자국의 위대했던 모습이나 훌륭했던 모습들을 발굴하고, 더 나아가서는 적극적으로 그런 모습들을 '발명'하는 경우도 있다. 대한민국의 국립박물관들도 마찬가지다. 자민족의 우수성을 과시하려는 목적을 달성하고자 그에 걸맞는 유물들이 선택되고 전시된다. 과거의 유물과 삶의 모습이 현대의 정치적, 경제적, 사회문화적 맥락에 맞게 각색되는 것이다.

따라서 의도적인 재현물을 보고 그 국가와 민족의 모든 것이 가감 없이 재현되었다고 이해하면 곤란하다. 차라리 여행자들의 주목을 거의 끌지 못하는 지방의 작은 박물관이 그런 정치색에서 벗어나 과거 민초들의 삶을 오롯이 전시하는 경우가 많다. 박물관 연구학자인 자넷 마스틴은 박물관이 대중문화와 밀접한 관계 속에서 새로운 모습을 갖춘다고 보았다. 그리고 이러한 박물관의 성격을 문화적 가치의 성소, 시장 원리로 추동되는 제도, 권위의 실체이자 저항의 대상으로 식민지화한 공간, 다양한 목소리가 교차하는 포털로서의 장소 등 네 가지로 정리했다.

- Marstine, J.(2008), *New museum Theory and Practice: An Introduction*, Wiley-Blackwell.

나는 박물관보다는 차라리 시장이 지금 이 시대를 살아가는 사람들의 삶의 모습을 더 잘 보여 준다고 생각한다. 박물관은 일종의 박제화된 유물들을 고정한 전시 공간으로서 국가의 자부심과 영화를 오래도록 지속하려는 목적이 투영된 공간이다. 하지만 시장은 지금 이 시대를 살아가는 사람들이 활발하게 움직이고 교류하는 현장이다. 세계 모든 시장은 현지인들이 자신들의 삶을 구성하는 필수 물건들을 거래하는 장소이자, 현지의 소식과 정보를 교환하는 소통의 장소다. 또한 생산 활동의 고단함에서 잠시 벗어나 함께 모여 노는 위락의 장소이기도 하다. 시장이야말로 세상 모든 삶의 동질성을 집약적으로 확인할 수 있는 삶의 현장인 것이다.

그런데 감각의 안테나를 곧추세우고 시장 속을 좀 더 자세히 살펴본다면 어떤 물건들이 진열되어 있고 어떤 가치로 거래되고 있는지, 회합과 소통의 방식은 어떻게 이루어지고 있는지, 어떤 여가 문화들이 있는지, 문화적 편린들이 현지의 자연환경 맥락과 어떻게 연관되는지 등 여러 가지 면에서 독특함을 찾을 수 있다. 그래서 시장은 무척 낯익은 것들과 낯선 것들을 보물찾기하듯 찾아가면서 여행지와 현지인들을 이해할 수 있는 재미있는 장소다.

직업이 원주민인 사람들

여행자들을 위한 볼거리 중 현지 주민들의 민속 공연과 원주민 마을에 대해서도 이야기하고 싶다. 이는 특히 제3세계 지역에서 많이 볼 수 있는데, 현지의 과거 문화를 재현한 일종의 퍼포먼스다. 그런데 관광객들의 눈길을 끌 수 있도록 상당 부분 각색되어 있다. 현지 문화를 순수하게 재현한 것이 아니라 다소 상업적으로 재현한 것이다.

그러니 이 재현 퍼포먼스를 보고 원주민 마을 주민들이 과거에 그리고 현재에도 저렇게 살고 있구나 하고 쉽게 단정하면 곤란하다. 사실상 그들은 일종의 배우일 뿐이다. 퍼포먼스가 끝나면 우리와 별반 다르지 않은 복장으로 갈아입고 오토바이 같은 현대 교통수단을 이용해 자기 집으로 돌아간다. 즉 '독특한 타자'는 복원된 혹은 발명된 원주민 마을에서 민속 공연을 하는, 직업이 그저 '원주민'인 사람들일 뿐이다.

2012년, 온두라스의 로아탄Roatan 섬˚에서 나는 현지 문화 퍼포먼스를 제대로 경험했다. 이 섬에는 가리푸나라고 불리는 독특

● 이 섬은 온두라스 본토와 달리 메스티소보다는 흑인과 그 혼혈의 비중이 압도적으로 높다. 과거 식민 지배 세력이 사탕수수 플랜테이션으로 개발해 아프리카로부터 노예들이 대거 유입되었고, 그 후예들이 지금 이 섬의 주류 집단을 형성하고 있다. 온두라스의 해안과 섬들은 과거 플랜테이션의 흔적을 간직하고 있으며, 카리브 지역만의 독특한 인종적, 문화적 특성을 잘 보여 준다.

한 종족의 사람들이 살고 있다. 이들은 식민제국주의 시대에 끌려온 아프리카 노예의 후손들로서 혼종화를 거치며 오늘에 이르고 있다. 이들의 조상은 제국주의 시대 때 신대륙의 열대 지역에 개발된 플랜테이션에 동원되었다가 제국주의가 끝난 이후에도 아프리카로 돌아가지 않고 정착했다. 로아탄섬에는 가리푸나족의 과거를 볼 수 있는 일종의 원주민 마을YUBU: The Garifuna Experience이 자리 잡고 있다. 입장료를 지불하고 가리푸나족 전통 가옥으로 구성된 원주민 마을의 내부로 들어가면, 민속 음악을 듣거나 춤을 관람할 수 있다. 그뿐만 아니라 전통 음식을 맛보고 전시관도 둘러볼 수 있다. 일종의 테마파크인 셈이다.

관람객들은 대부분 미국과 유럽에서 온 서양 사람들이었다. 프로그램을 마친 후 그들과 함께 곳곳을 천천히 걸어 보았다. 그때 문득 내 눈과 귀를 사로잡은 것은 북쪽 방향을 향해 설치되어 있는 커다란 위성 수신 접시였다. 그리고 그 안쪽에서는 미국 방송의 음악 소리가 들렸다. 그곳에서 일하는 관계자들을 위한 일종의 휴게실이었던 것 같다. 과연 그 사람들의 현재 삶은 여러 가지 퍼포먼스로 보여 준 전근대적 삶과 같다고 말할 수 있을까? 그보다는 글로벌화의 영향권에 들어와 혼종문화를 만들어 가는 독특한 삶이라고 보아야 하지 않을까?

전근대적인 생활을 하고 있으리라 상상하기 쉬운 지구 한구석의 토착민들도 자본주의 경제의 글로벌화에 편입되어 우리와 별반 다르지 않은 삶을 살아가고 있다. 순수한 자급자족 공동체를 기반으로 하던 전통문화는 사실상 거의 사라져 버렸고, 시장 경제가 지구 전체에 확산되고 있다. 이제 그들도 자신과 가족들의 생계를 위해 돈을 벌어야 하고, 돈을 벌기 위한 직업을 가져야만 한다. 그래서 아마존 원주민들이나 뉴기니의 토착 부족민들은 자신들의 생계를 이어가는 방편으로 문화 퍼포먼스를 택했다. 자식들의 교육을 위해 기꺼이 옷을 벗고 때로는 진지하게, 또 때로는 우스꽝스럽게 조상들의 과거를 보여 주는 퍼포먼스를 하며 자본주의 경제를 실천하고 있는 것이다.

온두라스 원주민 마을에서 퍼포먼스하는 가리푸나족은
직업이 '원주민'인 것이 아닐까?
그 사람들의 현재는 과연 여러 가지 퍼포먼스로 보여 주던
전근대적 삶이라고 말할 수 있을까?

여행자는 숫자의 많고 적음과 상관없이, 또 비용 지불의 여부와 상관없이 여행지에서 늘 손님일 수밖에 없다. 여행지는 현지인의 삶의 터전이지 여행을 위해 존재하는 곳이 아니다. 따라서 여행자는 잠시 방문하는 손님으로서의 예의를 갖추고 소중한 삶의 터전이 잘 유지되도록 힘을 보태야 한다.

3부

여행자를 위해
존재하는
장소는 없다

언어가 통하지 않아도
여행은 계속된다

현지 언어를 구사할 줄 안다면 여행은 무척 편하게 이루어질 것이다. 가령 라틴아메리카 여행 중 어려움에 부딪쳤을 때 스페인어를 할 줄 안다면 큰 도움이 될 것이다. 그러니 간단한 현지어 인사말이나 일상적인 단어 몇 개라도 미리 알아 두고 여행을 떠나길 추천한다.

물론 여행을 준비하는 짧은 기간 동안 그 지역의 언어를 막힘 없는 수준으로 미리 습득하기란 불가능하다. 또 반드시 그럴 필요도 없다. 현지 언어를 습득하는 것이 여행의 필수 조건은 아니기 때문이다. 언어의 차이로 인해 불편함이 있을 수는 있겠지만, 여행이 불가능하지는 않다. 게다가 몸짓, 눈짓, 표정, 그림 그리기 등 비언어적인 소통 방법들이 그 한계를 극복해 줄 수도 있다. 오히려 마음의 소통이 이루어진다면 주체할 수 없는 감동이 가득 차오르기도 한다.

언어 자체는 목적이 아닌 의사소통 수단일 뿐이다

전 세계적으로 가장 많이 통용되는 언어인 영어는 조금만 할 수 있어도 생각보다 훨씬 많은 도움을 받을 수 있다. 영어를 할 줄 아는 사람들은 세계 도처에 있기 때문에 제3세계에서도 불현듯 나타나 도움을 주곤 한다. 나 역시 그러한 도움을 받은 적이 여러 번이다. 다만 그때마다 한국인이 가지고 있는 영어에 대한 환상 내지 편견은 떨쳐 버릴 필요가 있다는 것을 깨달았다.

멕시코 여행을 할 때의 일이다. 멕시코시티Mexico City에서 할라파Xalapa를 거쳐 베라크루스Veracruz에 도착했다. 버스에서 내리자마자 가장 먼저 한 일은 짐을 보관소에 맡기고 다음 행선지인 오아하카Oaxaca◆로 출발하는 심야 버스표를 사는 것이었다. 멕시코는 최고급 리무진에서 완행 시외버스에 이르기까지 전국을 망

● 멕시코 오아하카주에 있는 도시. 국립국어원에서는 오악사카로 표기하고 있으나, 이는 미국식 발음에 의한 표기법이다. 이 책에서는 현지인 발음에 따라 오아하카로 표기한다.

라하는 버스 연결망이 비교적 잘 갖추어져 있다. 그래서 베라크루스까지 아무런 문제없이 순조롭게 이동할 수 있었고, 이후 일정에 대해서도 별 걱정을 하지 않았다. 그래도 누적된 여행 피로도 풀고 숙박비도 절약할 겸 거의 침대처럼 180도 펼쳐지는 좌석이 있는 심야 우등고속버스를 타야겠다는 생각에 바로 버스표부터 사러 간 것이었다.

그런데 난감한 일이 벌어졌다. 남은 좌석이 없었다. 순간 당황하여 말문이 막혔고, 일단 뒷사람에게 자리를 비켜 주었다. 나는 몬테 알반Monte Alban 유적지 등 찬란했던 원주민 문화의 흔적과 그 후예 인디오들의 삶이 펼쳐져 있는 오아하카를 제대로 볼 작정으로 예쁜 숙소까지 예약해 둔 상태였다. 가능하다면 빨리 가고 싶은 마음뿐이었는데, 난감하기 그지없었다.

다시 매표소 창구로 가 직원에게 꼭 가야 한다고, 다른 방법은 없겠냐고 물었다. 물론 나는 스페인어를 할 줄 모르기에 영어로 애절한 마음을 담아서 물었다. 하지만 그 직원은 영어를 할 줄 몰랐다. 우리는 서로 다른 언어로 요란하게 말했지만 공허한 눈빛과 작은 웃음만이 오갈 뿐 서로 알아들을 수 없었다. 그때 그 직원이 손바닥을 두어 번 내리누르는 제스처를 해보이며 잠깐만 기다리라는 듯한 말을 남기더니 매표소 뒷문으로 나가 버렸다.

북반구의 1월이라고는 하지만 항구도시 베라크루스의 기온은 섭씨 25도를 웃돌고 있었다. 어두운 버스터미널 안의 눅눅한 공기 속을 검은색에 가까운 얼굴의 하로초^{Jarocho}들이 바쁘게 오가는 모습을 바라보며, 어쩌면 이곳에서 좀 더 많은 시간을 보낼 수도 있겠구나 하는 작은 불안감이 시나브로 피어올랐다.

이윽고 창구 직원이 어떤 중년의 남자와 유쾌한 수다를 떨면서 다시 나타났다. 구릿빛 얼굴에 허름한 작업복 차림을 한 그 중년의 남자는 한참 일하다 온 듯 땀 냄새를 풀풀 풍기면서 내게 걸어왔다. 지적인 이미지와는 거리가 멀어 보였고 세련된 영어를 구사할 것 같지는 않은 행색이었다. 나는 속으로 영어가 가능할까 하는 의구심을 품은 채 "올라~!" 하고 인사를 건넸다. 그러자 그는 "하이~!" 하고 웃으며 인사했고, 바로 "뭘 도와줄까요?" 라고 영어로 물었다. 공연한 의구심이 부끄러움으로 변하면서 마음속 먹구름이 후다닥 사라져 버렸다. 그는 당일 심야 우등고속버스는 자리가 없지만, 심야 2등 완행버스는 이용이 가능하다고 통역해 주었다. 그리고 따로 지정 좌석이 없으니 재주껏 자리를 잡아야 하고, 어쩌면 꼬박 서서 갈 수도 있으니 불편할 거라

● 베라크루스의 사람들과 독특한 문화를 일컫는 용어로 '격식 없는' '건방진'이라는 의미의 스페인어에서 유래했다. 베라크루스는 해안 저지대의 항구도시로, 대서양으로부터 유입된 유럽과 아프리카 문화가 멕시코 문화와 절묘하게 섞여 흥미로운 혼종문화가 자리를 잡았다. 멕시코의 경우, 해안의 저지대 사람들은 성격이 급하고 빠른 반면에 고지대 사람들은 느긋하고 기복이 없다고 한다. 베라크루스 사람들은 좀 더 검은 피부색과 자유분방하고 유머 넘치는 태도를 지니고 있으며 강하고 경쾌한 스페인어 발음을 사용한다. 여러 면에서 멕시코 다른 지역과 구별되는 독특성을 뽐낸다. 특히 '라밤바(La Bamba)'로 잘 알려진 경쾌한 음악 장르 '손 하로초(Son Jarocho)'는 멕시코 전통음악에 쿠바의 손(Son) 음악이 결합되어 탄생한 혼종문화의 산물이다.

고도 덧붙였다. 일반 버스라 굽이굽이 여러 도시들을 들러 가니 시간도 많이 걸린다고도 했다. 하지만 가야만 한다는 간절한 희망을 이룰 수 있다니 무슨 말이 필요하겠는가?

나는 바로 표를 구매하고 고맙다는 인사를 전했다. 그의 도움이 아니었다면 해결하는 데 어려움을 겪었을 터였다. 바쁘게 돌아가려는 그를 붙들고 잠시 이야기를 주고받았다. 베라크루스 버스터미널에서 화물 운반 짐꾼으로 일하고 있는 그는 몇 년 전, 2년 동안 미국 로스앤젤레스에서 미등록 이주 노동자로 일하면서 영어를 배웠다고 했다. 만약 나의 편견으로 인해 그의 도움을 거부했더라면, 베라크루스 터미널에서 유일하게 영어를 말할 줄 아는 직원을 놓치고 몬테 알반으로 못 떠나지 않았을까?

인종이나 복장 등의 겉모습과 영어 구사 능력을 연결시켜 생각하는 것은 우리의 의식 속에 은연중에 자리 잡고 있는 식민주의적 편견이 아닐 수 없다. 영어는 선진국의 언어, 서구인의 언어라는 고정관념이 내재되어 있는 것이다. 영어가 취업이나 계층 상승의 수단으로 인정받는 대한민국의 독특한 사회문화적 특성으로 이러한 편견이 더욱 고착화된 듯하다. 영어를 구사할 줄 아는 제3세계 사람들은 분명 상류층일 거라는 상상도 그 편견의 연장선에 있다. 그래서인지 영국식 영어, 미국식 영어를 우러러보고 인도식 영어 인들리쉬나 라틴아메리카식 영어 스팽글리쉬를 깔보는 사람이 많다. 하지만 서로가 통할 수만 있다면 되지 않을까? 언어는 그 자체가 목적이 아닌 의사소통을 위한 수단일 뿐이다.

일본 나고야 공항에서 미에현의 츠[^]로 가는 여객선에서 만난 부탄 출신 이주 노동자는 당시 그 배 안에서 영어로 소통이 가능한 유일한 승객이었다. 그는 영국인이나 미국인과 비교해도 손색이 없는 영어를 구사하며 나의 문제와 궁금증을 풀어 주었다. 국경을 넘는 조지아 트빌리시행 야간열차에서도, 베트남 달랏Da Lat의 커피농장에서도, 쿠바 비날레스Vinales의 석회동굴에서도 영어 구사자가 구세주처럼 나타나 어려움을 해결해 주었다. 언어는 그저 의사소통의 도구일 뿐이기에 우열적인 관점으로 바라볼 이유가 없다. 영어도 전 세계적으로 가장 의사소통이 잘 되는, 즉 가장 많은 사람이 구사할 수 있는 언어라는 점 때문에 여행에서 많은 도움이 될 뿐이다.

하지만 현지어는 고사하고 영어조차 안 통하는 경우라면 어찌해야 할까? 참으로 난감하겠지만 그래도 여행은 계속할 수 있다. 우리에게는 구두로 하는 의사소통만이 전부가 아니기 때문이다. 때로는 비언어적 의사소통이 더 빠르고 정확할 때가 있다. 가령 그림이나 사진 등을 생각해 보자. 너무도 명확하게 그 의도를 파악할 수 있지 않은가?『그림으로 말하다: 배낭여행자를 위한 가이드g'palemo: Le guide du routard』라는 제목의 재미있는 프랑스 책은 보자마자 단번에 내 눈을 사로잡았다. 이 그림책은 시베리아-몽골 횡단열차에서 4인실 침대칸을 함께 이용한 중년의 프랑스 커플에게 소개받았는데, 그 부제가 '모든 언어의 뜻을 이해하기 위한 200개의 그림들'이었다. 여행에서 필요한 모든 어휘를 이미지화한 이 책은 주머니 속에 쏙 들어가는 어른 손바닥만 한 크기에 스프링으로 철해져 있어 들고 다니기에도 간편해 보였다.

여행할 때 언어보다 효과적인 의사소통 수단

이제 스마트폰의 번역기 애플리케이션은 이해하는 데 큰 문제가 없을 정도로 성능이 뛰어나다. 제4차 산업혁명 시대를 맞이해 다양한 언어들 간의 통번역 기술이 휴대용 기기와 결합하면서 바야흐로 말로 하는 언어가 불필요해지고 있다. 언어에 대한 두려움이 여행을 망설이게 하는 시대는 거의 끝나 가고 있다고 해도 과언이 아니다. 여행에서 언어의 소통보다 더 중요하고 필요한 것은 마음의 소통이라고 하지만 언어가 통한다면 그만큼 의사전달이 원활해 마음도 잘 통할 수 있을 것이다. 그런 의미에서 통번역 기술의 발달은 현지인과 마음으로 소통할 수 있는 가능성을 한층 높여 주었다고 할 수 있다. 그렇지만 우리는 잊지 말아야 한다. 언어의 소통 여부는 마음의 소통 여부의 전제

조건이 아니다.

2011년 8월 초, 하바롭스크에서 이르쿠츠크에 이르는 주야 장천 3일간의 여정을 위해 시베리아 횡단열차에 올랐다. 시베리아의 한여름 무더위가 기승을 부리는 가운데 가장 저렴한 객실인 개방형 6인실 플라츠카르타는 러시아인 승객들로 가득 차 있었다. 에어컨 없는 개방된 객차 안의 끈적한 기운은 카키색 러닝셔츠 바람의 러시아 군인들에게서 뿜어져 나오는 시큼한 암내와 섞여 스멀스멀 내 몸을 감쌌다. 열악한 시설과 불편한 화장실이야 그렇다 치더라도 그대로 노출된 서로의 모습과 수선스럽게 교차하는 시선들은 피할 도리가 없었다. 그 속으로 터벅터벅 내 자리를 찾아 헤집고 들어갔다. 내 칸을 함께할 이웃들이 무덤덤한 표정으로 나를 응시하며 가볍게 목례를 해주었다. 그 분위기 속에서는 누가 누구를 쳐다보는 것이 기분 나쁜 시선이 아니었다. 그리고 나도 자기를 꾸미거나 방어막을 치는 일 없이 그저 마음 가는 대로 행동하고 생각하는 사람들에게 익숙해지면서 똑같이 행동하고 생각하기 시작했다.

스물여섯 살의 아저씨(?) 소룞과 처음 인사를 나눈 것은 둘째 날 아침 예로페이 파블로비치Yerofey Pavlovich역에서였다. 그는 러시아 울란우데Ulan-Ude라는 도시에서 운전사로 일하고 있는 청년이었다. 열차는 예로페이 파블로비치역에서 약 30분간 정차했다. 이런 경우 역의 플랫폼에는 음식 가판대가 설치되곤 하는데 마침 아침식사 시간이었기에 승객들은 잠시 내려 아침거리를 사기 시작했다. 나 역시 열차에서 내려 러시아식 만두 펠메니를 산 후 시원하게 아침 기지개를 켜면서 이리저리 몸을 움직였다. 그때 소롌이 내 옆으로 다가와 함께 몸을 움직이면서 몽골어로 말을 건넸다. 행색이 한국 대중목욕탕에서 만날 수 있는 동네 아저씨였다. 그는 아마도 나를 같은 몽골인으로 생각했던 것이 아닌가 싶다. 나는 엷은 미소를 띄우며 영어로 한국인이라고 말했고, 이내 알아들은 그는 러시아어로 말을 이어 가며 더욱 반갑게 악수를 청했다.

사실 우리는 이미 전날 같은 객차 안에서 멀리서나마 비슷한 서로의 외모를 확인하고 눈빛을 몇 번 교환한 적이 있었다. 무엇보다 같은 객차에서 나의 눈길을 가장 많이 끈 사람이었다. 객차의 끝자리에 있던 그를 먼발치에서 처음 본 순간 영락없는 한국인의 외모에 깜짝 놀랐기 때문이다. 그래서 웃통을 벗고 씩씩하게 객차 통로를 오가던 그의 모습을 꽤나 친근하게 느끼기도 했다. 알고 보니 그는 러시아 영토에 살고 있는 몽골계 부리야트족*이었지만 말이다.

그의 투박한 환대는 다음 날 그가 울란우데역에서 내릴 때까

● 지리적으로 가장 북쪽에 분포하고 있는 몽골계 유목민족으로 러시아 부랴트공화국(Buryat Republic)에 주로 살고 있다.

지 계속되었다. 수시로 객차 통로를 성큼성큼 걸어와 두어 마디 짧은 러시아어와 강렬한 눈빛을 던지고는 휑하니 돌아가거나 보드카 한 병을 들고 와 두어 잔 함께 마신 후 다시 돌아가기 일 쑤였다. 그러다가 우리 일행 중 한 명이 가지고 있던 간단한 러시아어 모음집을 발견하고는 그걸 빌려 가서 한참 후에 다시 가져온 일이 있었다. 그런데 돌아올 때는 그 모음집과 함께 직접 그린 그림을 한 장 가져왔는데, 그 그림은 놀랍게도 한국어 단어들이었다. 뜻밖의 그림을 보게 된 나는 정말 깜짝 놀랐고 한편으로는 감동했다. 그 러시아어 모음집에는 러시아어 단어 하나하나에 대한 한국어 발음이 병기되어 있었는데, 그는 이것을 이리저리 조합해 '홍서연' '서울' 등의 단어들을, 그야말로 '그려서' 가져온 것이다.

자초지종은 이러했다. 그의 여동생이 한국 남자와 결혼해 현재 서울에 살고 있고, 조카의 이름이 바로 홍서연이었다. 가끔씩 전화 통화를 하지만, 주소는 모른다고 했다. 그는 '솔롱고스 solongos●'를 외치며 한국에 가보고 싶다고 했다. 자기 이름을 한국어로 써달라는 부탁에 나는 큼지막하게 소롭이라고 써주었다. 그는 웃음 가득한 얼굴로 나중에 조카에게 보여 줄 거라고 했다.

───────

● 몽골어로 대한민국을 뜻하는 말이다.

처음에는 그와 언어를 통한 소통이 거의 이루어지지 않아 답답하면서도 미안한 마음이 들기도 했다. 그러나 그의 설설한 눈빛과 살가운 몸짓은 따스한 온기가 되어 내 마음을 단박에 녹여 버렸다. 우리는 그렇게 3일간의 길고 긴 시간을 다정하고 달큰하게 채워 나갔다. 그리고 마지막 날 그의 고향 울란우데역에 당도할 즈음, 그는 다시 한 번 내게 뜻밖의 놀라운 모습을 보여 주었다. 깨끗한 티셔츠로 몸통을 감싸고 면바지를 정갈하게 차려입은 채 말끔한 청년의 얼굴로 내 앞에 나타난 것이다.

그 모습을 보고 나는 이별의 시간이 다가왔음을 직감했다. 그는 내게 악수를 청했다. 딱딱한 손바닥 굳은살을 뚫고 전해 오는 그 따스한 정겨움을 어찌 말로 표현할 수 있을까? 낯선 곳을 여행하며 많은 사람을 만나 봤지만 그토록 울컥한 마음이 터질 듯 부풀어 오른 것은 처음이었다. 그는 그렇게 이별을 고하고 울란우데역 플랫폼을 뚜벅뚜벅 걸어 나가 역사 건물 속으로 사라져 버렸다. 그 후로도 나는 내 마음속에 새겨진 그때의 결을 가끔씩 더듬어 보며 편안한 행복감에 젖곤 한다.

소룝 말고도 시베리아 횡단열차 승객들의 생각과 행동은 인공조미료를 싹 뺀, 투박하면서도 담백한 자연의 맛과 같았다. 장거리 여행에 익숙한 이 사람들은 서로에게 무관심한 듯 멍하니 시간 때우는 것이 아주 자연스러웠다. 또 표피적인 웃음기를 뺀 무뚝뚝한 표정과 짧은 문장으로 구성된 절제된 대화를 나누었다.

그러다가 서로의 관심사가 통하기라도 하면, 마음속 깊은 곳의 친절과 호의를 꾸밈없이 표출했다. 이런 그들과 대화할 때는 더 듬듬 짤막한 러시아어와 영어를 섞어서 주고받아 보지만 한계가 있기는 했다. 오히려 각자의 언어로 조잘거릴 때 신기하게 소통이 잘 됐다. 눈빛으로, 손짓으로, 살가운 어깨동무로 서로의 마음을 열고 훈훈한 동반자가 된 것이다. 때로는 과하다 싶을 정도였지만, 이는 그동안 그런 방식의 친절과 호의에 익숙하지 않던 내가 느끼는 부담감일 뿐이었다.

열차는, 특히 야간열차는 사람 냄새를 맡고 서로 소통하며 이해하는 행위가 자연스럽게 이루어질 수 있는 최적의 공간이다. 객차 안 개방된 공간에서 며칠 밤을 같이 보낸다는 것은 각별하고도 편안한 느낌으로 서로를 대할 수 있게 해준다. 자석처럼 붙었다가 천천히 멀어져 가기를 반복하는 차창 밖 풍경을 고독하게 응시하는 것도, 시베리아 벌판을 붉게 물들이는 어슴새벽이나 해거름을 보며 쓸쓸한 마음을 느끼는 것도 모두 선택 사항일 뿐이다. 누군가와 친밀하게 함께하고 있어 이 세상이 외롭지 않다는 것을 느끼게 해주는 곳, 그곳이 바로 시베리아 횡단열차다.

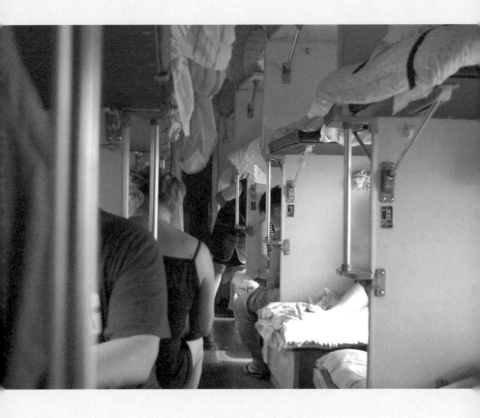

더듬더듬 짤막한 러시아어와 영어를 섞어서
대화를 주고받아 보지만 한계가 있다.
오히려 각자의 언어로 조잘거릴 때 신기하게 소통이 잘 된다.
눈빛으로, 손짓으로, 살가운 어깨동무 몸짓으로
마음을 열고 훈훈한 동반자가 되는 것이다.

지도 위에 그려진 경계를 허물고
낯설게 바라보기

우주에서 바라본 지구의 모습을 떠올려 보자. 지구는 동그란 구球 모양으로 이루어져 있다. 대기권의 하늘색 띠가 선명하게 둘러쳐진 구면 위에 푸른색의 바다와 초록색의 식생 그리고 회색빛 사막이 펼쳐져 있고, 그 위로 하얀색 구름이 선명하게 떠있다. 공 모양의 지구 구면에는 국경선이 보이지 않는다. 국경선은 인간들이 그어 놓은 인위적인 경계선일 뿐이지 자연적인 실체가 아니기 때문이다. 지구 구면 위의 수많은 장소는 모두 대등한 위치에 있다. 따라서 지구 구면의 지리적 세계에서는 세계의 중심을 특정할 수 없다. 구면상에서는 어떤 지점이든 중심이나 주변이 될 수 있기 때문이다. 지리학적으로 이것은 당연한 진리다.

그런데 우리가 흔히 알고 있는 세계는 저 높이 우주에서 바라본 실제 지구와는 상당히 다른 모습이다. 어려서부터 우리가 봐온 세계지도들을 생각해 보라. 국가 간 경계선이 뚜렷하게 그려져 있고, 지도의 중심에는 한반도와 동아시아가, 그리고 그 주변에는 나머지 국가가 그려져 있다. 실제 지구의 모습과 상당히 다르지 않은가?

우리는 이 평면 위의 세계지도들을 보면서 은연중에 왜곡된 세계관을 가지게 되었다. 국가 간 경계선과 중심-주변의 세계질서가 마치 자연법칙에 따라 원래부터 존재하고 이를 근간으로 각 지역이 위계적으로 구성되어 있다고 생각한 것이다. 한반도를 중앙에 그려 넣은 우리나라 세계지도 역시 위계적이고 자기중심적인 의식을 따르고 있다.

물론 현대사회의 세계정세를 감안해 보면, 정치·경제적으로 선진국과 제3세계 사이에는 분명 차이가 있다. 이에 따라 중심과 주변, 강한 곳과 약한 곳을 구분하는 의식은 세계를 이해하는 하나의 틀로 자리 잡고 있다. 이는 국제 뉴스에서 주로 어떤 국가나 지역을 다루는지만 봐도 잘 알 수 있다. 우리나라 국제 뉴스에서는 미국과 유럽 그리고 한반도를 둘러싼 동아시아 지역에 관한 뉴스를 주로 다룬다. 간혹 제3세계 국가나 지역을 다룰 때도 있지만 그나마도 정치적 갈등과 경제적 빈곤 문제 혹은 환경 문제 등 부정적이고 우울한 뉴스가 주를 이룬다.

이러한 국제사회의 힘의 논리는 문화적인 영역에도 그대로 반영된다. 선진국의 문화는 고상하고 세련된 '선진' 문화인 것으로 그려진다. 반면에 제3세계의 문화는 저급하고 투박한 '후진' 문화로 간주되곤 한다. 중심과 주변을 구별 지으려는 힘이 문화적인 측면에 있어서도 작동하는 것이다. 이렇게 이분법적인 구분이 광범위하게 통용되고 있는 가운데 여행자들이 이로부터 완전히 벗어나는 것은 쉬운 일이 아니다.

같은 세계, 다양한 지도, 다른 세계 인식

하지만 마음만 먹으면 새로운 세계관으로 세상을 바라보면서 여행하는 것도 얼마든지 가능하다. 새로운 세계관은 위에서 언급한 기존의 인식을 뒤집는다. 지리학적으로 모든 장소는 인간의 의도에 따라 중심이나 주변이 될 수 있다. 요컨대 우주에서 본 지구의 모습처럼 국가의 경계를 지워 버리고, 경계의 안쪽과 바깥쪽을 뚜렷이 구분해 위계적으로 바라보려는 삐딱한 시선을 걷어 낼 수 있는 것이다. 정치·경제적 관점만을 가지고 여행하거나 세상을 바라본다면, 여행자의 경험과 이해는 무척 제한적일 수밖에 없다. 하지만 탈중심적이고 탈경계적인 관점을 통해 모든 문화가 지닌 나름대로의 가치를 찾아내는 데 주력한다면 세계는 보다 신선하고 흥미롭게 다가올 것이다. 그리고 이 세상에 대한 보다 깊이 있는 분석력과 균형 잡힌 통찰력도 자연스럽게 얻게 될 것이다.

여행 정보를 문의하고자 들어간 호주 멜버른Melbourne역 앞 여행 안내소에서 큼지막하게 걸려 있던 지도를 발견하고는 한참 동안 바라본 적이 있다. 실제로 호주 학교 현장에서 활용되는 세계지도로, 남반구와 북반구가 뒤바뀌어 있었다. 아마 북반구에 사는 우리라면 보고 180도 뒤집혔다고 말할 지도였다. 하지만 이 지도는 '잘못된' 것이 아니었다. 그저 '다르게' 그려진 지도일 뿐이었다.

우리는 북반구가 위쪽에 배치된 세계지도에 익숙하다. 그래서 남반구는 중심에서 한참 떨어져 저 아래쪽에 있다는 고정관념을 가지고 있다. 한국에서 비행기를 타고 유럽으로 가는 시간이나 호주 및 뉴질랜드로 가는 시간이 거의 비슷한데도 말이다. 그런 우리의 인식을 비웃듯 이 지도의 위쪽과 아래쪽에는 '호주는 저 아래에 처박혀 있지 않다Australia, No Longer Down Under.'라는 글귀가 큼직하게 적혀 있다. 지도 전체는 호주가 위쪽의 높은 곳에 위치해 나머지 세계를 내려다보는 모습이다. 어떤가? 이 지도를 통해 세상을 보면 달리 보이지 않겠는가? 이러한 낯선 모습의 세계지도는 똑같은 대상을 '다르게' 그린 것일 뿐, '잘못' 그린 것은 아니다. 우리는 이 낯선 지도를 통해 같은 세계도 다양하게 재현할 수 있다는 점과 그렇게 재현된 세계가 사람들로 하여금 다양한 인식을 가능하게 한다는 점을 깨달아야 한다.

미국의 지리학자 폴 녹스가 사용한 세계지도도 살펴보자.* 그의 지도 중심에는 '북극'이 있다. 북반구(특히 유럽과 미국) 중심의 세계지도가 심어 주는 고정관념을 피하기 위해서다. 물론 이 지도 역시 한계는 있다. 유럽과 북미 그리고 아시아를 북극 가까이에, 남미와 아프리카 그리고 대양주를 외곽에 위치시켜 여전히 북반구 중심으로 세계를 그리고 있기 때문이다. 또한 동서남북의 방위도 실제 상황과 맞지 않게 뒤틀려 있다. 물론 제 아무리 첨단 기술을 적용하더라도 2차원의 작은 평면으로 재현한 세계지도에는 엄청난 크기의 지구 표면을 오롯이 담아낼 수 없기는 하다.

방향(각도), 거리, 면적 등 모든 요소를 정확히 구현할 수는 없을지라도 필요에 따라 어떤 특정 요소만 정확히 구현하는 지도를 만들 수는 있다. 예를 들어 우리가 어려서부터 가장 많이, 가장 익숙하게 접해 온 세계지도는 메르카토르mercator 도법 지도다. 16세기 네덜란드의 지도학자 메르카토르가 처음 고안한 이 지도는 방향(각도)이 정확하게 구현되어 당대 항해사와 탐험가들

● Knox, L. P.(2005), *World Regions in Global Context*, Pearson, p.49.

이 유용하게 사용했다. 지금도 가장 많이 사용되고 있는 지도지만, 유감스럽게도 면적이나 거리는 정확하지가 않다.

반면에 독일의 역사학자 피터스가 고안한 피터스peters 도법 지도는 면적만큼은 정확하게 표현했다. 그런데 메르카토르 도법 지도에 익숙해져 있는 우리의 눈에 이 지도는 다소 어색해 보인다. 왜냐하면 적도 주변 저위도 지역이 메르카토르 도법 지도보다 더 크게 보이기 때문이다. 하지만 이는 원래의 면적을 그대로 보여 주는 것이다. 상대적으로 작게 그려져 있는 러시아나 캐나다 역시 원래 면적 그대로의 모습이다.

대발견의 시대, 새롭게 '만들어진' 지명들

지리상의 대발견 시대●이후 유럽 중심적 세계관은 전 지구적으로 확산되었다. 열대와 남반구에 위치한 라틴아메리카, 아시아, 아프리카는 유럽의 식민지로 차곡차곡 편입되었고, 19세기에는 지구 대부분이 유럽과 그 식민지로 구성되었다. 식민제국

● 15세기 말 이후 유럽인이 발전한 항해술을 이용하여 유럽 바깥으로 나아가 지리상의 발견을 이룩한 시대를 말한다. 이후 서구 사회는 지구 전역에서 식민지를 개척해 제국주의를 완성했다. 역사학에서는 '대항해 시대'라고 부른다.

주의의 확산은 곧 서구와 비서구, 백인과 비백인, 문명과 야만의 이분법적 경계 긋기로 이어졌다. 이 같은 중심과 주변의 이분법적 경계는 시간이 흐를수록 더욱 분명해졌고, 중심에서 주변을 위계적으로 바라보는 세계관이 마치 본질적인 지식인 양 고착화되었다.

이 세계관은 지금도 그대로 이어져 여행자들의 인식과 경험에 영향을 미친다. 이를 극명하게 잘 보여 주는 것이 바로 지명의 제국주의이다. 이미 공식화되어 전 세계적으로 통용되고 있는 세계 곳곳의 지명 중에는 원래의 원주민 지명을 무시하고 서구 세력이 붙인 것들이 많다.

유럽인에게 처음 알려진 새로운 대륙의 땅은 한 유럽인에 의해 그저 '발견'된 것이 아니라 '아메리카America'라는 새로운 이름이 붙여지면서 '발명'되었다. 그곳에는 분명 원래 살던 사람들이 있었으나, 이후 물밀 듯이 들어온 유럽인들이 그 땅의 주인이 되었다. 그리고 그 땅에 사는 사람들을 지칭하는 '아메리칸'이라는 말은 그 땅에 이주해 정착한 유럽인을 지칭하는 용어가 되어 버렸다. 원래의 주인인 원주민은 '아메리칸 인디언'으로 새롭게 불리며 경멸과 조롱의 대상으로 탈바꿈했다. 자기 땅에서 살면서도 유배된 삶을 살게 된 것이다. 미국 원주민 쇼쇼니배넉족 출신인 마크 트라한트는 이를 두고 "아메리카는 우리의 세계였지만 그 이름은 우리가 붙인 것이 아니다."라고 말한 바 있다. '아

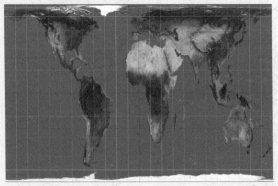

©wiki

낯선 세계지도는 똑같은 대상을 '다르게' 그린 것일 뿐,
'잘못' 그린 것은 아니다. 우리는 이 낯선 지도를 통해 같은 세계도
다양하게 재현될 수 있다는 점과 그렇게 재현된 세계가 사람들로
하여금 다양한 인식을 가능하게 한다는 점을 깨달아야 한다.

메리칸'이나 '인디언'이란 말은 어느 하나 그들의 본래 모습을 보여 주지 못한다. 그저 새롭게 발명된 용어일 뿐이다.

인도를 점령하고 전 세계를 누비며 광활한 식민지를 확장해 나간 영국과 유럽 세력은 인도라는 지명을 세계 곳곳에 붙였다. '동인도회사East India Company(인도네시아)' '서인도제도West Indies(카리브해의 섬들)' 등 모든 세상이 '인도'로 통한다고 해도 과언이 아닐 만큼 강력한 제국주의를 건설했다. 거대한 아메리카 대륙을 문화적으로 구분할 때 사용하는 '라틴-아메리카'나 '앵글로-아메리카'라는 지명도 마찬가지다. 그 땅의 원주민들은 라틴족이나 앵글로색슨족과 아무런 관련이 없다.

아프리카에도 머리를 갸우뚱하게 하는 희한한 지명들이 많다. 세계 3대 폭포 중 하나라고 일컬어지는 잠비아와 짐바브웨 접경지대의 빅토리아폭포Victoria Falls는 유럽인으로는 처음 그곳에 도착한 데이비드 리빙스턴●이 당시 영국 여왕 빅토리아의 이름을 붙여 만든 이름이다. 제국주의 세력들은 엄연히 원주민들이 살아가고 있는 땅인데도 불구하고 아프리카를 마치 하얀 도화지같이 비어 있는 땅으로 인식했다. 그러니 처음 도착한 땅에 자기 마음대로 지명을 만들어 붙이는 것은 아무 문제가 없다고

● 19세기의 선교사이자 남아프리카 탐험가다. 1855년에 남아프리카공화국 케이프타운(Cape Town)에서 육로로 대륙을 횡단하다가 빅토리아폭포와 잠베지강(Zambezi River)을 발견했다.

생각했다. 하지만 그곳 원주민인 칼롤로로지족에게 그 폭포는 이미 신성한 '모시-오야-툰야'라는 지명으로 불리고 있었다. '천둥치는 연기'라는 뜻이었다. 참으로 그 모습을 제대로 표현한 지명이 아닌가?

지도를 펼쳐 아프리카 중서부에 있는 기니Guinea만도 살펴보자. '상아 해안' '설탕 해안' '후추 해안' '노예 해안' 등 희한한 지명들이 붙어 있다. 이곳에 있는 코트디부아르Côte d'Ivoire라는 이름의 국가는 또 어떠한가. 프랑스어로 되어 있는 이 국가명을 영어로 옮기면 '상아 해안'을 뜻하는 아이보리코스트Ivory Coast가 된다. 상아 해안이라는 명칭이 그대로 국명으로 사용되고 있는 것이다.

아시아도 마찬가지다. 지금도 별 의문 없이 자연스럽게 사용하고 있는 중동이니 극동이니 하는 지명은 사실 따지고 보면 대단히 유럽 중심적인 지명이다. 유럽에서 동쪽으로 아시아를 볼때 가장 가까운 곳인 터키반도 일대가 근동Near East, 중간쯤은 중동Middle East, 가장 멀리 우리가 속해 있는 동북아시아 일대가 극동Far East이기 때문이다. 유럽으로부터의 거리를 기준으로 붙인 그들 중심의 지명들이 지금도 공식적으로 사용되는 것이다.

필리핀Philippines이라는 국명은 16세기 스페인의 황태자이던 펠리페 2세의 이름에서 유래했다. 필리핀을 정복한 당시 스페인의 총감이 모국 정부의 환심을 사기 위해 붙인 명칭이 지금도 국명으로 사용되는 것이다. 세계 최고의 봉우리가 우뚝 솟아 있는 에베레스트산Everest Mount은 어떠한가? 이곳을 식민통치하던 영국은 1852년에 네팔의 고산 지대 일대에서 대대적인 측량 사업을 진행했다. 그 과정에서 에베레스트산이 세계에서 가장 높은 산이라는 것을 알게 되었다. 원래 티베트에서는 '지구의 모^秒 신'이라는 뜻의 '초모룽마Chomolungma'라고 부르고, 네팔에서는 '눈의 여신'이라는 뜻의 '사가르마타Sagarmatha'라고 부르는 산이었다. 하지만 영국은 당시 측량 활동에서 큰 공을 세운 측지학자의 이름을 붙여 '에베레스트'라고 새롭게 명명했다.

이처럼 과거 식민제국주의 시절, 원주민들이 부르던 원래의 지명을 무시한 채(혹은 알지 못한 채) 식민지 모국에서 식민지에 붙인 요상한 지명들은 현재도 국제적으로 공인되어 널리 쓰이고 있다. 이러한 이유로 제국주의적 국명을 개정하려는 구체적인 실천도 이어지고 있다. 아프리카의 짐바브웨Zimbabwe는 과거 세실 로즈Cecil Rhodes의 땅이라는 뜻의 '로디지아Rhodesia'라고 불리다가 1980년에 지금의 이름으로 바뀌었다. 1965년에 식민 지

● 남부아시아를 식민지로 지배한 영국의 인도 측량국은 19세기에 세계 최고봉들이 밀집한 카라코룸 (Karakorum)에서 대대적으로 측량 작업을 실시했다. 이들은 측량한 봉우리 하나하나마다 카라코룸의 첫 알파벳 'K'자에 일련번호를 붙여 K1, K2 식으로 명명했다. 현지인이 예전부터 부르는 산 이름이 존재하고 있었는데도 말이다. 에베레스트산도 이때 K15로 명명되었다가 나중에 에베레스트라는 이름으로 바뀌었다. 세계에서 두 번째로 높은 봉우리인 K-2는 여전히 국제사회에서 K2로 불리고 있는데, 이 봉우리의 원주민 명칭은 초고리(Chogori; '큰 산'이라는 뜻)다.

배로부터 벗어났지만, 독립 후에도 세실 로즈를 위시한 백인 정권이 실질적인 지배를 행사하면서 1980년까지 그렇게 불린 것이다. 남태평양의 쿡제도Cook Islands도 과거 18세기에 이 지역을 발견한 영국의 제임스 쿡James Cook 선장의 이름을 딴 지명을 그대로 사용하다가, 최근에 들어와서야 국명을 개정하기 위해 '아바이키 누이Avaiki Nui' 등 60개의 후보 명칭을 놓고 논의 중에 있다. 이미 언급한 필리핀도 최근 로드리고 두테르테 대통령의 주도하에 타갈로그어로 자유인을 뜻하는 '마할리카Maharlika'로 국명 변경을 추진하고 있다.

주변의 시각에서 바라본 한국은 어떤 모습일까

중심과 주변을 구분하는 경계 짓기 방식은 한 국가 내에서도 작동한다. 이때 주변 지역은 중심 지역에 부속되어 있으며 중심 지역의 권력과 문화가 확산되어 있는 곳에 불과하다고 생각하는 사람이 많다. 그리고 그들은 중심 지역의 문화가 전체를 대표한다고 단순하고 일방적으로 사고한다. 주변 지역은 그저 특이한 문화가 일부 잔존해 이목을 끌고 있다는 위계적인 사고를 하는 것이다. 이러한 인식을 바탕으로 주변 지역은 옛 문화들이 잔존해 있는 곳으로 부각되며 여행지로 소비된다. 특히 한국인은 서울과 지방이라는 이분법에 익숙하다. 국토의 면적이 좁고 중앙집권적인 권력과 문화가 막강한 탓이다. 이러한 특징은 문화적 획일화 기제를 더욱 강하게 작동시켜 주변 문화를 국가적인 문화 확산의 끄트머리 정도로 가볍게 여기게 한다.

국경선이 명확하게 그어져 있고 각각의 국가들이 서로 다른 색깔로 표시되어 있는 세계지도를 떠올려 보자. 그런데 이 지도는 하나의 국가를 하나의 색깔로 칠해 마치 단 하나의 정체성만 지니고 있는 것처럼 오해를 불러일으키곤 한다. 이러한 단순한 도식화는 '독일인은 ~하다' '일본인은 ~하다'처럼 특정 국가나 민족 집단을 싸잡아 평가하는 것을 당연시 여기도록 만든다. 특히 단일민족으로 구성되어(구성되었다고 믿고) 내부적 응집성이 무척 강한 한국인들은 그런 선입견을 더욱 당연시하는 것 같다. 그런데 한국같이 단일민족 신화가 강력한 영향력을 발휘하는 국가는 전 세계적으로 드물다. 대부분의 국가들은 다민족으로 구성되어 지역별로 다양하고도 고유한 색깔을 자연스럽게 유지하고 있다. 따라서 여행자들은 한 국가 내에서도 지역적, 문화적 다양성이 존재하고 있다는 것, 다시 말해 지리가 다르고 문화가 다르다는 것을 늘 유념해야 한다. 여행자들은 국가를 여행하면서 동시에 국가 내 지역을 여행하기 때문이다.

만약 중심에서 주변을 바라보는 시선을 거둬 내고, 그 반대로 세상을 바라본다면 어떤 모습이 펼쳐질까? 주변국 혹은 제3세계의 입장에서 세계를 바라본다면, 지방 입장에서 중앙과 국가를 바라본다면 어떨까?

2014년 1월, 쿠바 여행에서 나는 여행자들이 은연중에 갖고 있는 제3세계에 대한 막연한 편견과 불안감이 과도하게 부풀려 있다는 것을 깨달았다. 현지에 정착해 살고 있는 한국 청년에게서 "(쿠바에는) 불편한 사람은 있어도 불쌍한 사람은 없다."라는 말을 들으며 쿠바 사람의 시선으로 쿠바의 실상을 살펴본 것이 계기가 되었다. 이때 나는 정치적이고 경제적인 척도로 국가를 평가하는 습성이 얼마나 잘못되고 그것이 여행자들의 생각과 행동에 얼만큼 독이 될 수 있는지 깊이 성찰해 볼 수 있었다.

아바나 공항에 도착했을 때, 처음 마주한 사람은 깔끔한 모습으로 스페인어를 사용하는 이민국의 흑인 심사관이었다. 그리고는 짐 찾는 곳에서 왁자지껄 떠드는 양복 입은 중국인들이 눈에 들어왔다. 이것이 쿠바에 도착한 나의 첫 경험이었다. 이후 여정 내내 눈을 뗄 수 없었던 쿠바의 아름답고 신비롭지만 투박하고 낯선 경관들에 한껏 매료되었다. 선선하고 건조한 건기의 바닷바람과 에메랄드빛 바다, 넓게 쏟아지는 바삭바삭한 햇살과 푸른 하늘, 코코넛 팜트리(쿠바의 나무)와 사탕수수밭 그리고 벼농사를 위해 모내기하는 장면 ……모든 것이 절묘하게 어우러져 쿠바의 자연을 이루고 있었다.

국경선이 명확하게 그어져 있고 각각의 국가들이
서로 다른 색깔로 표시되어 있는 세계지도를 떠올려 보자.
그런데 이 지도는 하나의 국가가
마치 단 하나의 정체성만 지니고 있는 것처럼
오해를 불러일으키곤 한다.

구舊아바나의 현란하지만 빛바랜 색상의 유네스코 세계문화유산 건물들, 카피톨리아(쿠바 국회의사당 건물) 광장에서 관광객들을 과거로 이동시키는 삼각대 흑백사진기 기사들, 교복을 입고 씩씩하게 등교하는 학생들, '사회주의를 위한 연합: 번영과 지속'이라고 적힌 거리의 간판들, 숯불처럼 타오르는 석양빛의 말레콘에서 사랑을 나누는 연인들 …… 모든 것이 낯설지만 정감 어린 모습으로 내 마음속을 가득 채웠다. '불편한 사람은 있어도 불쌍한 사람은 없는 곳'이 바로 쿠바라는 가이드의 말은 그들이 어찌하여 그렇게 여유 넘치고 친절한지 깨닫게 해주었다. 가난한 사람들의 삶은 피폐하고 거칠며 상대적 박탈감으로 공격적일 것이라는 공연한 편견이 사라져 버렸다.

_이영민 외 옮김, 『쿠바의 경관: 전통유산과 기억 그리고 장소』, 역자 서문●

가령 제주도를 한국의 변방으로 보지 않고, 제주도를 중심으로 대한민국과 세계를 바라본다면 어떨까? 탐라국 기원 설화와 혼인지 이야기, 고려시대 목호의 난, 조선시대 제주 사람들에게 가해진 출륙出陸 금지령, 구한말 이재수의 난, 일제강점기 이후

● 조지프 L.스카파시 외 지음, 푸른길(2017), 9-10쪽.

제주도와 일본의 연결, 대한민국 건국 초기에 일어난 4.3 사건, 현재의 제주에 이르기까지 중앙에서는 잘 알지 못하는 일련의 사건들은 제주도의 중요한 역사로써 현재의 독특한 제주 문화를 만드는 데 큰 역할을 했다. 이러한 시선으로 제주도를 여행한다면, 제주도는 우리에게 새로운 여행의 재미를 선사하는 동시에 세계와 한국에 대한 색다른 성찰도 가져다줄 것이다.

2001년, 일본 쓰시마對馬섬(대마도) 여행에서 나는 변방에서 바라본 세계가 어떤 것인지를 경험할 수 있었다.[•] 부산에서 배를 타고 도착한 쓰시마섬의 이즈하라嚴原항에서 받은 한글판 안내서의 제목은 '국경의 섬, 쓰시마'였다. 한국과 일본의 중간에 있는, 하지만 일본의 영토에 속해 있는 이 섬은 일본의 입장에서 보면 변두리의 후미진 곳이다. 또한 한국의 입장에서 보면 정치적으로는 일본에 속하지만 대한민국과 다르면서도 같은, 이질감과 동질감을 동시에 갖고 있는 곳이다. '가깝고도 먼 섬'이 일본인들의 느낌이라면, 한국인들의 느낌은 오히려 '멀고도 가까운 섬'이라고 할 수 있지 않을까?

그러나 쓰시마섬을 '국경의 섬' '가깝고도 먼 섬'으로 바라보는 것은 중심과 주변을 나누는 시각일 뿐이다. 중심과 주변의 시

● 이영민(2001), 〈대마도의 자연환경과 한반도 관련 문화경관의 특성〉, 《문화역사지리》 13권 2호, 229-237쪽.

각에서 본다면, 쓰시마섬은 한반도나 일본으로부터 변방의 위치에 놓여 있는, 그래서 변방 문화를 가지고 있는 지역일 뿐이다. 그렇다면 쓰시마섬을 중심에 놓고 한반도와 일본을 바라보면 어떨까? 쓰시마섬 사람들은 과연 한반도와 일본 본토에 대해 어떻게 인식할까? 그들의 대답은 우리 혹은 일본 본토 사람들과 분명 다를 것이다. 그들의 입장에서 보는 세상은 과연 어떨지 확인하는 일이야말로 여행자가 추구해야 할 여행의 과제가 아닐까?

삶터에서의 권리
여행지로서의 행복

여행자의 입장에서 볼 때 여행이란 자신의 즐거움과 행복을 위해서 기획하고 추진하는 것이다. 일상으로부터 탈출하기 위해서, 미약해진 심신을 새롭게 충전하기 위해서, 새로운 것을 찾고자 하는 욕구를 충족하기 위해서 경계 너머 낯선 곳으로 떠나는 여정이 바로 여행인 것이다. 따라서 여행자의 일상 탈출과 휴식 그리고 욕구 충족이 여행을 통해 잘 이루어진다면 여행자는 분명 행복에 도달할 수 있을 것이다.

그런데 여행자는 종종 행복의 전제 조건이 바로 여행되는 것들, 즉 여행지와 현지 사람들인 점을 간과하곤 한다. 생각해 보라. 훌륭한 장소와 아름다운 사람들을 만나야만 내가 감탄하고 즐거운 여행이 가능하지 않겠는가? 여행의 행복은 일상 탈출, 심신 충전, 새로움의 추구 등으로만 충족될 수 있는 것이 아니다. 그렇다면 군이 멀리 갈 필요 없이 일상에서도 얼마든지 행복을 추구할 수 있지 않을까?

여행은 크게 두 가지의 주체가 어우러져 이루어지는 흥미로운 프로젝트다. 하나는 여행하는 자, 즉 나 자신이고 다른 하나는 여행되는 것, 즉 장소와 경관과 현지인으로 구성되는 여행의 대상이다. 여행은 바로 이 두 가지의 독특한 상호작용에 의해서 만들어진다. 여행되는 것은 여행하는 자를 위한 단순한 무대와 배경이 아니다. 다시 말해 여행자가 자기만의 독단적인 의지와 생각만으로 여행지를 거침없이 누비면서 마주하는 것들을 마음대로 소비할 수 없다는 말이다.

환상이 아닌 현실 속 삶의 현장, 송네 피오르

여행지는 현지인의 삶의 터전이지 여행을 위해 존재하는 곳이 아니라는 점을 늘 기억해야 한다. 현지인은 여행자들과 상관없이 자신들의 삶터를 소중하게 품고서 열심히 살아간다. 여행자가 자신이 방문하는 장소를 일탈의 행복과 새로움의 추구를 위한 대상으로 잠시 중요하게 생각하는 것과는 차원이 다르다.

현지인은 일상의 행복을 가꾸면서 평생을 살아온 삶의 터전으로써 그곳을 더없이 소중하게 생각한다. 그런 소중한 곳에서 여행자가 자신의 행복을 위해 마음대로 생각하고 행동해서야 되겠는가? 항상 겸손한 마음으로 여행지와 현지인을 함부로 대하지 않는 예의가 필요하다.

노르웨이 서해안에 있는 송네 피오르Sogne Fjord에서 나는 멋진 풍광을 보리라는 기대에 부풀어 모든 것이 나만을 위한 것인 양 착각에 빠진 적이 있다. 나는 노르웨이의 수도 오슬로Oslo에서 열차를 타고 굽이굽이 산지를 올라 미르달Myrdal에 도착했다. 그리고 다시 산악열차로 갈아타 끝없는 협곡들을 가로지르고 나서야 플램Flam에 도착했다. 스칸디나비아산맥 말단의 푸르면서도 회색빛이 도는 산록 빙하와 호수 그리고 초록의 숲으로 채색된 올망졸망한 봉우리들 사이에서 번개처럼 팔락거리는 폭포들을 감상하며 나는 말 그대로 자연의 아름다움에 흠뻑 도취되어 있었다.

플램에서 다시 페리를 타고 피오르 속으로 들어가 북해 연안의 베르겐Bergen으로 향했다. 페리의 내부 시설과 장식은 깔끔하고 세련되었고, 안락한 좌석과 큼직한 객실 유리창은 바깥 풍경을 한눈에 보기에 안성맞춤이었다. 모든 것이 여행자들을 위해 만들어진 쾌적한 페리라고 생각했다. 이 완벽한 페리는 하얀 얼음 덩어리를 스카프처럼 어깨에 두르거나 가슴에 얹어 놓은 듯한 크고 작은 산들 사이로 잔잔한 피오르의 물결을 헤치며 유유히 흘러갔다. 피오르 구석 아늑한 곳에는 엽서에서나 볼 법한 그림처럼 아름다운 마을이 현실로 튀어나와 소담하게 자리 잡고 있었다. 나는 영화 속 주인공이 된 것처럼 환상 세계를 마음껏 누렸다.

그런데 이내 나는 그 아름다운 피오르의 마을들이 환상이 아니라 현실 속 삶의 현장이라는 것을 깨달으며 부풀어 오른 마음을 진정시켜야 했다. 페리가 속도를 늦춰 아름다운 마을 레이캉에르Leikanger의 선착장에 정박하자, 곧이어 마을 주민들이 올라탔다. 그들은 여가를 즐기기 위한 목적이 아니라 일상생활의 목적을 이루고자 베르겐으로 이동하는 중이었다. 이 배는 여행자들을 위한 관광용 페리인 동시에 대중교통, 즉 우리로 따지면 마을과 마을을 연결하는 완행 시외버스였던 것이다.

물론 탑승객의 수를 비교해 보면, 관광용 페리로 이용하는 여행자들이 대중교통용 여객선으로 이용하는 주민보다 훨씬 큰 비중을 차지했다. 더군다나 여행자들은 큰돈을 들여 먼 이곳까지 왔을 것이다. 그렇다고 해서 현지인이 누리는(누려야 할) '삶터'에서의 권리보다 여행자들이 누리는(누려야 할) '여행지'에서의 권리가 더 크게 인정받아야 하는 것은 아니다. 여행자는 숫자의 많고 적음과 상관없이, 또 비용 지불의 여부와 상관없이 여행지에서 늘 손님일 수밖에 없다. 따라서 잠시 방문하는 손님으로

여행자들을 위해 만든 완벽한 페리라고 생각했다.
그런데 페리가 속도를 늦춰 아름다운 마을에 정박하자,
마을 주민들이 올라탔다.
이 배는 여행자들을 위한 관광용 페리인 동시에 대중교통,
즉 마을과 마을을 연결하는 완행 시외버스였던 것이다.

서의 예의를 갖추고 소중한 삶의 터전이 잘 유지되도록 힘을 보태는 것이 여행자들의 책무다.

세계 곳곳에서 발생하고 있는 오버투어리즘

최근 전 세계적으로 유명한 관광지나 관광도시에 관광객의 수가 폭발적으로 증가하면서 현지 주민들의 일상생활에 불편함을 초래하는 경우가 많아지고 있다. 어찌 보면 관광객의 증가는 일자리 창출과 소득 증대를 가져와 지역경제를 활성화시킬 수 있고, 관광 대상으로서 지역문화가 부흥하는 계기를 마련해 주기도 한다. 이 때문에 관광산업을 적극 활성화하고자 노력을 기울이는 지방정부의 사례들을 흔히 볼 수 있다.

그러나 수용 가능한 범위 이상으로 관광객이 몰려오면 그곳을 삶터로 삼고 있는 주민들은 전에 없던 불편함을 겪게 된다. 이를 오버투어리즘overtourism혹은 과잉관광이라고 한다. 관광객의 증가로 인한 소음 증가, 쓰레기 증가, 교통 및 주차 혼잡, 환경 파괴, 물가와 주거비 상승, 지역정체성 혼란 등이 주민들의 삶터를 열악하게 만들고, 이로 인해 때로는 관광혐오, 즉 투어리즘포비아tourism phobia까지 불러일으키는 것이다. 어떤 곳에서는 외래 투기 자본의 유입으로 주거지와 상가의 임대료가 과도하게 높아져 원래의 주민들이 자신의 삶터를 떠나기도 하는데, 이를 투어리스티피케이션touristification이라고 한다. 도시 내 특정 지역이 상업화되고 임대료가 상승하면서 현지인들이 이를 감당하지 못해 자신의 삶터를 떠나게 되는 젠트리피케이션gentrification 현상이 과도한 관광지화touristify와 관련해 발생할 수도 있음을 나타낸 용어다.

세계적인 관광지 이탈리아의 베네치아Venezia나 스페인의 바르셀로나Barcelona 같은 도시에서는 오버투어리즘으로 불만이 쌓인 주민들이 대규모 시위를 벌이면서까지 자신들의 삶터를 보호하려고 애쓰고 있다. 2017년 2월, 바르셀로나에서는 무려 16만 명이 모여 난민 허용을 촉구하는 시위를 벌였다. 그런데 그때 시위대는 "관광객들은 집으로 가라. 하지만 난민들은 환영한다Tourists go home, refugees welcome."라는 뜻밖의 슬로건을 내세웠다.♥ 이와 관련해 2018년에 대한민국의 매스컴을 뜨겁게 달구었고, 지금은 잠잠하지만 여전히 첨예한 이슈인 제주도의 예멘 난민 입국 문제를 생각해 보자. 청정 환경이 매력적인 관광지 제주도는 관광객과 국내 이주민의 급속한 증가로 최근 제주도민들 사이에서 오버투어리즘 문제가 큰 관심사다. 이에 더하여 예멘 난민 수용

● *Tourists go home, refugees welcome: why Barcelona chose migrants over visitors*, 《The Guardian》(20180625).

여부와 관련된 문제가 중첩되어 논란이 일었다. 그런데 중앙에서 지방을 바라보는, 다시 말해 한반도의 육지 사람들이(제주도 사람들은 제주도 바깥의 한반도 지역을 그냥 '육지'라고 부른다) 제주도를 바라보는 시각과 제주도 사람들이 자신의 삶터로서 제주도를 바라보는 시각은 엄연히 다를 것이다. 관광객의 오버투어리즘과 난민들의 포용 여부에 대한 제주도 사람들의 시각은 과연 어떨까?

난민 관련 시위에 관광 문제가 등장하는 것이 얼핏 보기에는 잘 연결이 되지 않을 수 있다. 하지만 관광객들로 인한 피해가 얼마나 심하면 저럴까 하고 깊이 생각해 볼 문제다. 바르셀로나 주민들은 무일푼의 난민들보다 일상을 파고드는 돈 많은 관광객들이 자신들의 삶터와 정체성에 더 큰 해악을 끼친다고 생각하는 것은 아닐까? 당시 바르셀로나 주요 관광지에는 '관광객, 당신의 화려한 여행은 곧 내 일상의 고통Tourist: Your luxury trip my daily misery'이라는 낙서가 곳곳에 쓰여 있었다고 한다. 그리고 지금도 지방정부가 낙서를 지우면 다시 시민들이 낙서하는 일들이 반복되고 있다고 한다.

한국에서도 이와 같은 문제가 서서히 수면 위로 올라오고 있다. 크게는 제주도 전체에서, 작게는 서울 북촌한옥마을, 통영 동피랑마을, 부산 감천문화마을 등 관광객에게 인기 있는 마을들에서 오버투어리즘의 폐해에 대한 불만과 우려가 표출되고 있다. 서울 북촌한옥마을에는 '내 집은 관광지가 아닙니다.' '새벽부터 오는 관광객, 주민은 쉬고 싶다.' '북촌한옥마을 주민은 인간답게 살고 싶다.' 등과 같은 현수막이 곳곳에 내걸려 있다. 현재 이러한 문제를 개선해 보고자 해당 구청에서는 오전 열 시부터 오후 다섯 시까지를 '관광 허용 시간'으로 지정하고 있다. 그러나 이는 관광객들을 강제로 제한할 수는 없는 권고사항일 뿐이기에 문제를 완전히 해결하지는 못하고 있다.

이러한 문제의 근본적인 원인이 무엇인지 곰곰이 생각해 보면 결국 관광객들의 인식 부족과 매너 없는 행동을 지적하지 않을 수 없다. 그런데 나는 여기서 또 하나의 원인으로 관광지의 편중 현상, 즉 유명하다는 관광지에 너도나도 몰려가는 현상을 지적하고 싶다. 매스컴이나 인터넷 매체의 관광 홍보 자료의 영향으로 특정한 관광지가 좋다는 소문이 널리 퍼지면 점점 더 많은 관광객이 똑같은 곳을 방문하는 현상 말이다. 물론 유명세를 타는 관광지가 사람들을 끌어모으는 데는 다 그럴 만한 이유가 있을 것이다. 특히 선진국에서는 관광 인프라를 잘 갖추어 관광지를 보다 매력적으로 육성하고 관리하는 정책을 시행하고 있기 때문에 많은 관광객이 입소문을 타고 모여드는 경향이 있다.

하지만 이 세상은 대단히 넓고 깊기에 유명하지는 않지만 훌륭한 장소가 아주 많다. 관광 인프라가 잘 갖추어져 있지는 않은 제3세계 지역에도 선진국의 관광 명소에 뒤지지 않는 매력적인 장소가 많다. 그리고 강한 인상을 주는 큼직한 볼거리는 없지만 소소한 매력을 지닌 평범한 마을이나 도시는 세계 어디에나 있기 마련이다. 그런 곳에서는 선진국의 유명한 관광지에서 벌어지고 있는 오버투어리즘이나 투어리스티피케이션 현상을 찾아볼 수 없다. 또한 이런 곳을 여행하는 여행자는 현지인과의 갈등이나 반목이 거의 없을 것이다. 오히려 주민들로부터 환영을 받거나, 때로는 신기한 눈으로 응시되곤 한다.

오버투어리즘의 갈등은 결국 무례하고 오만한 여행자들을 향한 현지인들의 반발이라고 할 수 있다. 만약 여행자가 여행지에서 예의를 갖추고 겸손한 자세로 그들을 대한다면 무슨 문제가 있겠는가? 생각해 보라. 별다른 이해관계가 없는 손님이 예의를 갖추어 내 집을, 내 장소를 방문한다면 그 손님을 무작정 환대할 이유도 없지만, 박대할 이유도 없지 않은가? 사람들은 기본적으로 선한 품성을 지니고 있기에 만약 낯선 이방인이 자신의 장소에서 어려움을 겪게 된다면 측은지심이 발동해 기꺼이 따뜻한 손길을 내밀어 줄 것이다.

여행지는 현지인의 삶터다. 그렇기 때문에 만약 여행자가 어떤 문제에 봉착해 있다면 제일 잘 도와줄 수 있는 사람은 바로 현지인이다.

여행자라는 약한 존재가 되고 난 뒤에야 나는 사람의 선의에 기대는 법을 익히게 됐다. 낯선 도시에서 길을 잃은 여행자에게는 근처에 있는 호텔을 찾아가는 게 엄청난 시간과 노력이 필요한 일이겠지만, 그 동네 주민에게는 산책만큼 쉽다. 그러므로 그 여행자에게 필요한 행운은 단 한 사람, 그 호텔의 위치를 아는 현지인을 만나는 일이다. 대단한 사람이 아니어도, 대단한 결심이 아니어도 괜찮다. 서로가 약간의 용의를 내기만 하면 된다. 도와달라고 부탁하는 용의, 선뜻 도와주겠다는 용의. 여행지의 행운이란 이런 두 사람이 만날 때 일어나는 불꽃 같은 것이다.

_김연수, 『언젠가, 아마도』

현지인 없이 여행은 이루어질 수 없다

사람들은 일상을 떠나 낯선 곳에서 여행자가 될 때 비로소 자기가 약하고 가련한 존재라는 것을 깨닫는다. 현지인 역시 여행자의 그런 약하고 가련한 모습을 본다면 연민의 정을 느끼게 된다. 그렇게 서로 이해타산의 마음이 아닌 순수한 마음으로 도와

● 컬처그라퍼(2018), 5쪽

달라고 부탁하는 용의와 선뜻 도와주겠다는 용의를 내어 주곤 한다. 순수한 영혼 간의 관계는 어떤 대가를 바라지 않는다. 그저 신세진 마음의 감사함, 베푼 마음의 푸근함만이 잔잔하게 넘칠 뿐이다.

2018년 겨울에 떠난 이탈리아 시칠리아 여행은 난감한 문제들이 꼬리에 꼬리를 문 좌충우돌의 현장이었다. 그때 나는 현지인들이 없었다면 절대 그 문제들을 해결할 수 없었을 것이다. 카타니아Catania 공항에서 소형차를 빌린 나는 라구사Ragusa로 갔다. 아무 문제없이 한 시간 반을 달려 숙소에 도착했고, 여정의 첫날을 편안한 잠자리로 마무리했다.

다음 날 아침, 라구사 구시가지를 향해 차를 몰았다. 그런데 1킬로미터쯤 갔을까? 주행 중인 차에서 다소 소음이 들린다 싶어 차를 세우고 살펴보았다. 불안한 예감은 황망한 현실이 되어 있었다. 조수석 앞바퀴에 펑크가 나있었던 것이다. 렌터카 회사에 전화하기에 앞서 불현듯 영어를 이용한 소통이 원활하지 않을 수 있고, 스마트폰 국제전화 요금도 부담이 될 것 같다는 생각이 들었다. 나는 망설임 없이 펑크 난 차를 몰고 다시 숙소로 돌아왔다. 프런트에 앉아 있는 중년의 여직원에게 사정을 이야기하고 렌터카 회사에 전화를 걸었다. 역시나 영어로 소통하기 쉽지 않았다. 그래서 영어에도 능통한 그 직원에게 이탈리아어로 통역을 부탁했다. 렌터카 회사의 카타니아 공항 지점과 밀라노의 본

사로 번갈아 가며 여러 번 전화한 후에야 겨우 가닥이 잡혀 가는
듯했다.

하지만 오랜 기다림 끝에 회사로부터 얻은 답은 가까운 지사
가 일요일이라 문을 닫았으니 월요일 아침에 그곳에 연락해 수
리를 받으라는 것이었다. 아니면 트렁크에 있는 일명 도넛이라
부르는 임시 보조 타이어를 손수 갈아 끼고 카타니아 공항까지
돌아가서 다른 차로 교환해 가라고 했다. 나에게 도넛을 끼고 공
항까지 가는 것은 부담스러운 일이었다. 더군다나 나는 스스로
도넛을 장착해 본 적도 없었다. 아무래도 이곳에서 하루를 더 묵
어야겠구나 생각하면서도, 아침에 예약한 그날 저녁 숙소의 예
약 비용이 떠올라 낙담했다.

그때 호텔 직원이 잠시 기다려 보라고 하더니 동네 지인들에
게 전화해서 와줄 수 있는 정비사가 있는지 알아보기 시작했다.
덕분에 정비사 한 명이 와서 타이어를 교체해 주었다. 그런데 그
정비사는 오늘 쉰다고 한 바로 그 렌터카 지사의 직원이었다. 지
역 주민인 숙소 직원의 부탁 때문에 쉬는 날인데도 집밖으로 나
왔던 것이다. 그렇게 타이어를 교체하도록 도와준 주민들 덕분
에 나는 무사히 차를 몰고 남은 여정을 이어갈 수 있었다.

그런데 며칠 후 중세풍의 성곽도시, 에리체에 도착하면서 또
다른 문제가 생겼다. 당시 나는 오후 두 시 전에 에리체에 도착
하기 위해 다소 무리하게 달렸다. 마을 안으로 진입해서도 빨리

가야 한다는 생각만이 앞서 전진에 전진을 계속했다. 무리한 운전을 감행한 이유는 성안 마을 한가운데에 자리한 '미슐랭 스타' 식당 때문이었는데, 그 식당에서 점심을 먹으려면 오후 두 시 전에 입장을 해야만 했다. 나는 내비게이션의 안내를 철썩같이 믿고 좁은 골목길로 요리조리 계속해서 들어갔다. 하지만 길은 점점 좁아졌고, 이윽고 ㄱ자로 꺾인 부분에서 내 차는 빼도 박도 못하는 신세가 되어 갇히고 말았다. 그곳 골목길의 지형과 구조를 몰랐기 때문에 섣불리 움직였다간 차에 상처가 날 수밖에 없는 가련한 상황이었다.

결국 근처 작은 호텔로 무작정 들어가 프런트에 있던 호텔 주인에게 도움을 요청했다. 그는 '그럼 그렇지, 또 왔구나.'라고 말하는 듯한 엷은 미소를 머금은 채 현장으로 걸어왔다. 그는 구글 내비게이션이 차가 들어갈 수 없는 골목길로까지 안내해 많은 여행자가 같은 봉변을 당한다고 말했다. 그리고는 손수 핸들을 잡고 골목길을 절묘하게 후진해서 미로에 빠진 차를 빼주었다. 그것만이 아니었다. 내가 가고자 하는 식당의 위치와 걸어서 가는 방법, 차를 주차할 곳도 알려 주었다.

나는 이 와중에 감동하면서도 뭔가가 숨겨진 친절이 아닐까 의심했다. 왜냐하면 그 호텔 주인이 운영하는 건물에도 식당이 있었기 때문이다. 이 점을 알고 있던 나는 내가 가려던 식당을 자세하게 설명해 주는 호텔 주인에게 슬금슬금 미안한 마음까지 들었다. 왜냐하면, 경쟁 업체에 대해 친절하게 안내해 주는 꼴이 아닌가. 그러나 그들은 그렇게 살고 있었다. 자신의 이해관계를 앞세우기보다 도움의 손길이 필요한 사람의 입장을 먼저 고려해 순수한 배려를 베풀어 주는 삶이 일상화되어 있는 듯했다.

이처럼 도움의 손길에 어려움이 해소되는 경험을 할 때마다 나는 여행자야말로 정말 먼지 같은 존재에 불과하다는 것을 깨닫는다. 현지인들 역시 다른 곳으로 여행을 가면 먼지 같은 존재가 될 수 있겠지만, 적어도 자신들의 장소에서만큼은 어리숙한 이방인 여행자에게 큰 영향력을 발휘할 수 있는 존재다. 그러니 여행에서 어려움에 처했을 때 주저앉아 버리고 싶지 않다면 현지인에게 공손한 자세로 마음을 열어 보자. 그들은 우리의 여행을 위해 존재하는 사람들이 아니다. 하지만 여행자의 순수한 마음이 전달된다면 그들 역시 경계를 풀고 친절과 호의를 베풀어 줄 것이다.

불편한 응시에서
다름을 이해하는 소통의 눈으로

　우리는 흔히 무언가를 '보러' 여행을 간다고 말한다. 여행자의 시선은 늘 바쁘게 이것저것을 향한다. 그런 가운데 여행자가 낯선 현지인들을 응시하는 일은 자연스럽게 발생한다. 그런데 거꾸로 현지인의 입장에서도 여행자는 낯선 이방인이다. 그래서 때로는 여행자도 응시의 대상이 된다. 따라서 여행은 여행자와 현지인 간의 자연스러운 만남이자 소통이다. 이때 앞에서도 말했듯이 여행지와 그곳에 살고 있는 사람들은 여행하는 사람들을 위해 전시되어 있는 구경거리가 아니다. 현지인은 자신의 삶의 터전에서 최선을 다해 살아가는 와중에 잠시 그곳을 방문한 여행자를 만날 뿐이다.

여행자와 현지인 사이에 오가는 시선의 문제

앞서 소개한 바 있는 온두라스의 로아탄섬에서 나는 '서로 쳐다보기'와 관련된 꽤나 유쾌한 경험을 했다. 지금도 그때의 장면들을 생각하면 웃음이 절로 난다. 섬에서 가장 큰 마을인 콕센홀 Coxen Hole의 중심가를 걸어가다가 안쪽 건물로 이어지는 통로 벽에 네 개의 커다란 초상화가 그려진 것을 발견했다. 보는 순간 온두라스의 위인들이 아닐까 하는 생각이 들면서 자연스럽게 안쪽으로 발걸음이 옮겨졌다. 통로 안쪽으로는 넓은 마당이 이어졌고, 그 가장자리를 따라 2층짜리 건물이 둘러쳐져 있었다. 비에 젖은 마당 위로 구름 낀 하늘에서 들리는 새들의 지저귐 소리와 건물 문틈으로 간간이 새어 나오는 아이들의 퐁당거리는 소리만이 고요함을 헤집고 있었다.

아마 학교가 아닐까 짐작하면서 천천히 몇 걸음을 옮기는 순간, 구릿빛 얼굴에 넉넉한 체구를 가진 중년 여성이 문을 열고 나와 나를 쳐다보았다. 그리고 누구인지, 뭐하고 있는지 스페인어로 툭툭 물었다. 내가 스페인어를 알아듣지 못한다는 걸 확인하자 그녀는 영어로 재차 물었다. 나는 살짝 두려움으로 움츠러든 채, 그저 지나가는 여행자이며 입구 통로에 그려진 초상화를 보고 들어왔을 뿐이라고, 방해가 되었다면 죄송하고 지금 나가는 중이라고 대답했다. 어디서 왔냐는 그녀의 물음에는 한국에서 왔다고 대답했다. 그러자 이내 그녀는 한국인은 처음 본다며 반갑다고 인사하면서 신기하듯이 바라봤다. 그러더니 문을 활짝 열면서 교실로 들어오겠냐고 제안했다.

순식간에 벌어진 일에 자석에 끌리듯 교실 안으로 들어갔다. 올망졸망한 아이 수십 명의 시선이 동시에 내게 쏟아졌다. 그 초롱한 눈망울들은 나의 긴장감을 해제시켜 버렸다. 그들은 초등학교 3학년 학생들로, 책상에만 앉아 선생의 말을 듣는 것이 아니라 자유롭게 움직이며 수업하던 중이었다. 갑자기 수업에 초대된 나는 맨 뒷자리에 앉아 낯선 장면들을 부지런히 응시했다. 하지만 그들에게도 나는 무척이나 낯선 존재였다. 그들의 시선이 힐끔힐끔 나에게 모아지더니 어떤 아이들은 아예 대놓고 뒤돌아 앉아 나를 쳐다보았다. 수업은 더욱 산만해졌다. 어떤 아이는 내 머리카락이 신기한 듯 스윽 쓸어내려 보고는 제자리로 돌아갔다. 그러다 눈이 마주치자 서로가 씨익 미소를 지었다. 선생은 학생들에게 나에 대해 설명했다. 아마도 멀리 한국에서 온 여행자라고 말하는 것 같았다.

30분도 안 되는 짧은 시간 동안 '나'라는 존재가 그들의 수업에 방해가 되었을지도 모르겠다. 하지만 적어도 학생들에게는 신기한 경험이자 소통의 시간이었음은 분명하다. 스페인어를 모르는 나와 한국어를 모르는 그들 간에 언어적인 소통은 거의 이루어질 수 없었지만, 마음의 소통만큼은 따스하게 나눌 수 있었기 때문이다.

이런 사례는 여행자가 흔히 겪을 수 있는 경험은 아닐 것이다. 여행자인 내가 아닌 현지인인 그들이 먼저 심리적 경계를 걷어 내고 호의를 베풀어 주어 가능한 일이었다. 이때 여행자가 할 수 있는 일은 항상 겸손한 마음으로 그들을 존중하고, 그들이 호기심 어린 관심의 표현으로 나를 바라보는 시선을 그저 자연스럽게 받아들이는 것이다. 여행지에서 여행자와 현지인이 서로를 바라보는 시선이 자연스럽고 피할 수 없는 당연한 일이라면 차라리 그냥 불편함을 걷어 내고 서로를 열심히 바라보는 편이 더 바람직하지 않을까?

응시를 불편하게 만드는 식민주의적 세계관

그런데 어쩔 수 없이 현지인과 여행자 간의 오가는 시선이 서로 불편할 때가 있다. 여행지에서 나를 향한 누군가의 시선이 내가 원하지 않는 혹은 예상치 못한 시선이라면 불쾌한 감정이 생겨날 수밖에 없다. 마찬가지로 현지인도 같은 시선을 받게 된다면 당연히 불쾌한 감정을 갖는다. 특히 제3세계 사람들을 향한 선진국 사람들의 응시의 권력, 즉 위험한 식민주의적 세계관은 그들에게 커다란 불편함을 줄 수 있다. 그러므로 이는 반드시 피

여행자와 현지인 사이에 서로를 '바라보는' 시선이
자연스럽고 피할 수 없는 당연한 일이라면
차라리 불편함을 걷어 내고
서로를 열심히 바라보는 편이 더 바람직하지 않을까?

해야 할 일이다.

이 시대의 여행은 호기심과 용맹함으로 무장한 일부 선각자가 험한 오지와 낯선 문화를 향해 내딛던 과거의 탐험 여행과 완전히 다르다. 인간의 손길이 미치지 못한 진정한 오지는 이제 더이상 존재하지 않으며, 고유한 문화를 유지하며 고립된 삶을 유지하는 문화집단도 대부분 사라졌다. 존재하더라도 이미 속속들이 그 실체가 알려져 우리의 인식 속에 자리 잡았을 뿐 아니라 자본주의 경제의 글로벌화에 편입되며 관광산업화의 길에 올라타 고립성과 특이성을 상실해 가고 있다. 여기에 교통 기술의 발달은 지구의 시간과 공간을 압축해 지구 '촌'이라 불리는 새로운 세계를 만들었다. 경제력과 의지만 있다면 누구든지 아주 멀고 험한 곳까지 직접 가서 그 문화를 볼 수 있게 됐다. 한마디로 지리상의 대발견 시대는 이미 끝이 났다.

하지만 우리는 여전히 지리상의 대발견 시대에 만들어진 세계관을 답습하고 있다. 서구 열강의 식민제국주의가 성행하던 시기에 만들어진 유럽, 백인, 남성 중심의 세계관이 지금 이 시대에도 세상을 바라보는 가장 보편적인 관점으로 자리 잡고 있다. 이 세계관은 세상의 다양한 현상을 가지런하고 명쾌하게 이해하기 위해 체계적으로 분류하고, 더 나아가 아예 이분법적으로 단순화해 버린다. 백인과 비백인, 서양과 동양, 나(우리)와 너(그들), 남자와 여자 등 인간들의 복잡한 특성과 현상을 두 가지의 상반된 범주로 단순화시켜 나누어 버린 것이다. 가령 인도와 한국은 서양인들에 의해 같은 동양으로 간주되지만, 현실적으로 공통점을 찾기 힘든 나라다. 서구가 서구가 아닌 것들을 하나로 뭉뚱그려 타자화하면서 서양-동양이라는 경계를 그어 버린 것이다.

우리와 다른 것들에 경계를 긋는 것은 어찌 보면 자연스러운 일이다. 그런데 서구 중심의 식민주의적 세계관은 경계 긋기를 넘어서 어느 한쪽에는 우월한 가치를, 다른 한쪽에는 열등한 가치를 부여한다. 경계 안쪽과 경계 바깥쪽의 다름을 부각시키면서 위계질서를 부여하고 안쪽은 고귀하고 좋은 것, 바깥쪽은 열등하고 좋지 않은 것으로 만들어 버린다. 그리고 유감스럽게도 세상을 보는 이 극단적 이분법은 지금 우리의 일상생활에도 위력을 발휘하고 있다.

10년 전 텔레비전에 방영된 한 프로그램*에서 외국인 여행자들을 대하는 내국인들의 반응은 우리 의식 속에 뿌리 깊게 배어 있는 식민주의적 세계관을 여지없이 보여 주었다. 이 프로그램에서는 캐나다와 인도네시아에서 온 두 명의 외국인에게 서울 강남역 앞에서 내국인을 상대로 코엑스로 가는 길을 묻게 했다.

● 2009/04/27~2009/04/29, 〈인간의 두 얼굴Ⅱ〉,《EBS》.

두 사람은 각각 전형적인 백인과 인도네시아인의 외모를 가지고 있었다. 하지만 공통적으로 내국인들도 쉽게 알아들을 수 있는 깔끔한 영어를 구사했다. 내국인들의 반응은 어땠을까? 먼저 캐나다인이 길을 묻자 내국인은 모두 어눌한 영어를 사용하거나 여의치 않을 때는 한국어를 섞어 가며 친절하게 대답해 주었다. 하지만 인도네시아인은 가련하게도 시련을 겪어야 했다. 사람들은 친절은 고사하고 바쁜 듯 대답을 거절하거나 쳐다보지도 않고 손사래를 치며 길을 계속 가거나 "No."라고 대답하며 귀찮은 듯 빠르게 지나갔다. 심지어는 아무 대꾸도 없이 지나가 버리는 사람도 있었다. 비록 10년 전의 상황이라고는 하지만, 지금 우리의 의식은 과연 얼마나 달라졌을까?

만약 우리가 외국에서 비슷한 경험을 한다면 어떨까? 캐나다인과 같은 대접을 받으면 그 은인의 친절한 마음씨에 감동하고 더 나아가 그 국가와 국민 모두를 좋은 이미지로 기억할 것이다. 인간적인 대접을 받았다는 점에서 자존감도 충만해진다. 그러나 인도네시아인과 같은 대접을 받는다면, 인간적인 모멸감에 분노하는 것은 물론이고 그 국가와 국민을 향해 부정적인 감정을 갖게 될 것이다.

2003년에 나는 스페인 코르도바Cordoba에서 메스키타Mezquita를 찾아가던 중 길을 잃고 말았다. 결국 풍채 넉넉한 중년의 남자에게 지도를 들이밀고 영어로 길을 물을 수밖에 없었다. 하지만 그 남자는 스페인어밖에 말할 줄 몰랐다. 마음은 고마웠지만 무슨 말인지 알아듣지 못한 나는 속으로 '다른 사람에게 물어야겠구나.'라고 생각하며 등을 돌리려 했다. 그 순간 그 중년 남자는 내 손을 움켜쥔 뒤 따라오라는 시늉과 함께 앞장서 길을 걸었다. 약 500미터 정도의 길을 걸어가면서 우리는 아무런 대화를 나누지 않았다. 그저 이따금씩 눈만 마주치며 오렌지가 주렁주렁 달린 가로수 길을 뚜벅뚜벅 걸었다. 이윽고 메스키타가 보이자마자, 그는 등을 보이고 되돌아갔다. 다정다감한 언어는 나누지 않았지만 내 머릿속에는 그때가 고스란히 남아 있다.

결국 10년 전의 텔레비전 프로그램도 언어의 문제가 아니다. 캐나다인과 인도네시아인의 질문은 아주 쉬운 영어 문장이었고, 인도네시아인의 발음도 캐나다인과 비교해 손색이 없을 만큼 명쾌했다. 그저 한국인의 마음속에 잠재되어 있는 인종주의적 의식이 겉으로 드러났을 뿐이다.♥

● 김포의 양곡마을에는 줌머족 난민들이 100여 명 모여 살고 있다. 줌머족은 방글라데시가 점령한 치타공(Chittagong) 산악지대에 살고 있는 불교도들로서 중앙정부의 탄압에 맞서 싸우고 있다. 줌머족 난민들 중 한 명인 C씨에게 들은 이야기는 씁쓸한 대한민국의 현실을 그대로 보여 준다. C씨는 2011년에 난민 지위를 인정받고 한국에 살면서 안정된 직업을 찾기 위해 노력했다. 그때 그의 눈에 띈 것은 대한민국의 수많은 영어 학원이었다. 그는 인도의 명문대 출신으로 훌륭한 영어를 구사할 수 있었다. 하지만 모든 학원에서는 그의 영어를 듣지 않은 채 외모만을 보고 바로 나가라고 하기 일쑤였다. 결국 그는 유창한 영어 실력을 보여 주지도 못했다. 그는 지금 김포의 한 종이 박스 공장에서 다른 이주 노동자들과 함께 성실하게 일하며 살아가고 있다.

우연한 손님으로서 갖춰야 할 예의

선진국 사람이라는 우월감을 은연중에 과시하며 경솔한 자세로 제3세계를 여행하는 사람들이 있다. 이는 편협한 여행이자 최악의 여행이 될 수밖에 없다. 선진국 사람들이 높은 수준의 문물을 향유하고 있다고 해서 가난한 사람들에 대해 우월감을 느껴야 할 하등의 이유는 없다.

여행은 우열과 비교의 관점이 아니라 그저 차이와 이해의 관점에서 다른 문화를 경험하고 자신과 현지인의 관계를 성찰하는 가치 있는 순례여야 한다. 현지인의 다름을 있는 그대로 받아들이고, 다름의 이유를 그들의 시각에서 이해하고 공감해 보는 것은 여행이 가져다주는 특별한 묘미다.

우리가 만끽하고 있는 이 시대의 자유로운 여행은, 우리의 노력의 대가이자 선택의 결과라고 생각할 수 있다. 하지만 사실 곰곰이 따져 보면 그저 우연의 산물로써 우리에게 주어졌을 뿐이다.

여행이란 인간에게 운명과도 같이 주어졌다. 사르트르가 말했던 것처럼 우리는 태어날 곳을 선택해서 태어난 것이 아니라, 그냥 '내던져진 존재'이기 때문이다. 척박하고 가난한 곳에서 태어난 것이 나의 잘못된 선택의 결과가 아니듯, 보다 풍요롭고 자유로운 곳에서 태어난 것은 대가 없이 받은 선물

지리학자의 인문 여행

이거나 다행스러운 우연일 따름이지 내가 주장할 수 있는 기득권은 아니다. …… 오늘날 글로벌화된 환경 속에서 여행을 할 수 있는 물리적인 여건과 시스템은 그 어느 때보다도 대중화되었고 발달했지만, 여전히 여행을 떠날 수 있고 여행기를 출간할 수 있는 사람들은 특정한 곳이나 특정한 집단에 속한 사람들로 제한된다. 그렇기 때문에 여행 주체의 우월적 시선이 여행 대상 지역과 그곳의 주민들을 이국적으로, 이상적으로, 토착적으로 본질주의화하며 이를 식민화하는 방식은 여전히 지속되고 있다.

_한국문화역사지리학회, 『여행기의 인문학』[●]

따라서 여행자는 여행이 내게 주어졌음을 다행스럽게 생각할 수는 있을지언정 여행을 특권이라고 생각해서는 곤란하다. 척박하고 가난한 곳을 여행할 때는 더더욱 그러하다. 이렇게 생각해 보자. 내가 열심히 노력한 결과에 뒤따라오는 선물이라면 그 선물은 당연한 것이고 기분 좋은 것이 맞다. 하지만 내가 아무런 노력을 하지 않았는데 나에게 냅다 선물이 주어졌다면 감사한 마음이 들면서도 한편으로는 민망하지 않겠는가? 행운의 선물

● 푸른길(2018), 6-18쪽.

을 받아 여행을 하게 되었다면, 그에 상응하는 마음과 태도를 통해 그 대가를 치러야 한다. 바로 겸손한 마음과 태도로 여행하는 것으로 말이다. 여행하는 자와 여행되는 것들이 대등한 관계에서 조우해 겸손하게 서로를 품는 것이 우연히 내게 주어진 선물에 보답하는 길일 것이다.

여행자는 경계 너머에 있는 모든 것을 느껴 보고 이해하는 겸손한 마음의 손님일 뿐이지 영웅적인 탐험가가 아니다. 그런데 간혹 자신이 마치 탐험가인 양 착각과 자부심에 빠져 세계를 거침없이 누비고 다니는 것을 자랑스럽게 생각하는 사람들이 있다. 방문한 국가들의 숫자를 훈장처럼 내세우는 경우도 있고, 남들이 안하는 것들을 해보았다고 뽐내는 경우도 있다. 물론 많은 시간과 비용을 들이고 무엇보다 과감한 도전 정신을 발휘했다는 점에서 이는 대단한 일이다. 하지만 여행을 도전 정신을 앞세워 자신의 능력을 시험하는 무대로만 여겨서는 곤란하다.

가령 에베레스트산은 결코 정복의 대상이 아니며, 정복되지도 않는다. 뛰어난 등반가들은 겸손한 마음으로 에베레스트산을 대한다. 한국의 세계적인 등반가이자 '대장'이라는 호칭을 달고 있는 엄홍길은 에베레스트산의 8000미터 이상 되는 험준한 봉우리 열여섯 개를 등정한 경력이 있다. 그는 2008년에 엄홍길휴먼재단을 설립해, 네팔 등 개발도상국에 대한 교육 및 의료, 청소년 교육, 소외 계층 생계, 환경보호 등을 지원하고 있다. 또한 히

말라야산맥 곳곳에 있는 원주민 마을에 학교를 세우는 휴먼스쿨 사업도 진행하고 있는데, 이는 그의 16좌 등정을 가능하게 한 셰르파[*]들의 은혜에 보답하기 위한 것이라고 한다. 이렇게 에베레스트산 등정은 결코 정복자의 우쭐함으로 끝나지 않았다. 함께한 셰르파들에 대한 보은을 실천하는 겸손하고 따스한 그의 마음은 여행이 주는 여러 의미들을 다시 되돌아보게 한다.

여행자의 영향력을 긍정적으로 발휘하는 공정여행

먼지 같은 존재인 여행자가 겸손한 마음을 가져야 하는 손님인 것은 분명한 사실이다. 하지만 선진국의 여행자는 여행지와 그곳 사람들에게 꽤나 영향력을 발휘할 수 있는 능력을 가지고 있기도 하다. 이와 관련해 여행자들이 여행지가 행복한 곳이 될 수 있도록 힘을 보태는 방법이 있다. 바로 공정여행[**]이다. 공정여행이란 말 그대로 '공정한fair 여행', 즉 나만 행복한 것이 아니

---

[*] 원래 동부 티베트 캄 지방에 사는 고산족의 명칭이었으나 현재 히말라야 등반에서 안내인을 이르는 통칭으로 더 잘 알려져 있다.

[**] 우리나라에서는 '착한 여행'이라고 부르기도 하는데, 착하다는 말은 말 그대로 공정하다는 말을 의미한다. 최근에는 이 말이 변질되어 사용되곤 한다. '착한 가격'이라는 말처럼 가격이 싸다는 의미로 전해지는 것이다. 하지만 공정여행은 자본주의 관광의 박리다매가 불가능하기 때문에 오히려 비용이 더 많이 들 수도 있다.

라, 다른 사람도 행복할 수 있는 여행을 말한다.

공정여행의 핵심은 여행자와 여행지 주민들 간의 평등한 관계 맺기와 소통하기를 바탕으로 현지 환경, 문화, 경제가 지속가능한 상태를 유지할 수 있도록 하는 것이다. 우선 경제적인 측면에서 여행자가 쓰는 비용이 현지인에게 직접 돌아갈 수 있도록 한다. 가령 글로벌 체인 호텔에 묵게 될 때 그 비용은 대부분 그 호텔을 운영 및 관리하는 선진국의 회사로 흘러들어 간다. 반면에 홈스테이 같은 현지 숙소를 직접 이용하게 되면 적은 돈이나마 현지인에게 직접 돌아간다. 음식점이나 기타 관광 시설도 마찬가지다. 가능한 한 현지인이 직접 운영하는 업소를 이용한다면 현지인이 얻게 되는 여행 효과가 보다 커질 수 있다. 환경적인 측면도 고려해야 한다. 다양한 생명체를 포함한 환경 요소들이 훼손되지 않도록 그들의 삶터에 대한 배려와 주의를 기울여야 한다. 이때 현지인이 이용하는 교통수단을 이용하는 것은 탄소 배출을 최소화하는 데 기여할 수 있는 방법이다.[●]

나는 멕시코 남부의 한 시골에서 공정여행의 의미와 방법을 깊이 깨달은 적이 있다. 그 여행은 나에게 새로운 전환점을 마련해 준 여행이었다. 이후부터 여행의 행복은 나와 그곳 사람들이

● 이매진피스·임영신·이혜영 지음, 『희망을 여행하라: 공정여행 가이드북』, 소나무(2018); 패멀라 노위카 지음(양진비 옮김), 『공정여행 당신의 휴가는 정의로운가』, 이후(2013).

절반씩 나눠 가져야 한다는 산술적인 계산까지 구체적으로 하게 되었기 때문이다. 이때의 인연을 계기로 한동안 그 마을에 정기적으로 후원금을 보내기도 했다.

2009년 1월의 어느 겨울날, 오아하카를 출발한 산 크리스토발 데 라스 카사스San Cristóbal de las Casas행 심야 버스가 새벽 공기를 가르며 치아파스Chiapas주로 들어섰다. 구릉들 사이로 낮게 깔린 안개 숲 위로 붉은색 기운을 흩뿌리며 아침 해가 스산한 모습으로 떠올랐다. 산골짜기를 돌고 돌아 도착한 곳은 초칠족 원주민 마을 산이시드로San Isidro de la Libertad였다. 이곳에서 나는 향기로운 사람들을 만났다. 꽃 장식의 판초를 입은 남자들과 악수를 나눴다. 벽면에 등을 대고 나란히 앉은 갈색 피부의 아낙들과도 눈인사를 나눴다. 호기심 어린 눈으로 살그머니 주위를 맴도는 아이들에게 손을 건네기도 했다. 우리말, 영어, 스페인어, 초칠어로 이어지는 그들과의 소통은 화기애애했다. …… 화로 위에 놓인 투박한 솥단지에서 커피 물의 수증기가 올라오기 시작했다. 나이 든 한 아주머니가 커피를 잔에 따라 빵과 함께 건네고는 이내 검게 주름 잡힌 손등을 수줍게 오므렸다. 지금도 난 잊을 수가 없다. 녹슨 검은색 커피 솥단지와 손바닥 한가득 전해 온 커피 잔의 따스한 감촉, 그리고 무엇보다 감미로웠던 커피의 맛과

향기를! 그건 입으로 마시는 커피가 아니었다. 가슴으로 마
신 가장 향기로운 커피였다.

_이영민, 「산크리스토발과 치아파스의 향기를 찾아서」

    여행은 여행하는 자와 여행되는 것 사이에서 벌어지는 소통
을 통해 이루어진다. 여행되는 것은 소통을 통해 상호 간의 행복
을 추구하는 상호 문화적 실천의 대상이다. 상호 문화적 실천이
란 서로의 문화가 다르고 가치가 있음을 인정하며 서로 배워 나
가는 것을 의미한다. 탐험가나 정복자라도 된 것 같은 착각에 빠
져 여행자 자신만의 목적을 달성하고자 하는 편협한 여행은 바
람직하지 않으며, 때로는 위험에 처할 수도 있다. 그러한 생각에
서 벗어나 겸손한 여행을 실천했을 때 여행자의 마음도 더할 나
위 없이 충만한 행복감에 젖게 될 것이다.

● 《서울대 라틴아메리카연구소 웹진 트랜스라틴(http://snuilas.snu.ac.kr)》14호(2010년 12월)

지금도 난 잊을 수 없다. 녹슨 검은색 커피 솥단지를,
손바닥 한가득 전해 온 커피 잔의 따스한 감촉을
그리고 무엇보다도 감미로웠던 커피의 맛과 향기를!

여행과 현실 간의 간극을 줄이는
세번째 여행

우리는 집을 떠나 경계 너머로 가서 여러 가지 육체적이고 심리적인 활동을 하고 돌아오는 것만을 여행이라고 생각한다. 물론 여행지에서의 생각과 활동이 여행의 핵심을 이루는 것은 맞다. 그런데 여행지에서의 생각과 활동이 제대로 이루어지려면, 더 나아가 그것들이 나 자신의 변화로 이어지려면, 사전의 준비와 사후의 정리를 포함한 세 번의 여행이 오롯이 이루어져야 한다. 즉 출발 전 여행(여행 준비), 현지에서의 여행, 그리고 귀환 후 여행(여행 정리)은 어느 것 하나 소홀히 할 수 없다.

먼저 현지에서의 여행이 원활하게 이루어지려면 사전 준비를 하는 출발 전 여행이 충실이 진행되어야 한다. 현지에서의 원활한 이동을 위한 교통편은 물론, 숙소와 식사 같은 생존에 필요한 기본 문제를 사전에 잘 준비하는 작업이 필요하다. 그리고 여행지에 대한 관련 정보와 지식들을 풍성하게 미리 갖추어 놓는다면 여행은 더욱 알차게 진행될 수 있을 것이다. 이때 모든 일정을 세세하게 예약한다면 불안감을 해소하고 여행을 순탄하게 진행하는 데 도움이 될 것이다. 하지만 예상하지 못한 상황을 맞닥뜨릴 때에는 예약해 놓은 것들이 오히려 여행자의 자유로운 여행을 방해하거나 때로는 족쇄가 될 수도 있다는 점을 알아 두자.

어느 정도 예약을 완료했다면 이제 구체적으로 준비물을 챙겨야 한다. 만약 장기간의 여행이라면 준비해야 할 것들이 많다. 신축성 좋고 편안한 옷과 신발, 건강한 컨디션 유지에 도움을 주는 비타민, 긴장된 몸의 근육을 일시적이나마 풀어 주는 데 효과가 있는 파스 등은 흔히 놓치기 쉬운 유용한 물품들이다. 어떤 가방을 선택할지도 깊이 생각해 보아야 할 문제다. 보통은 어깨에 매는 배낭보다 바퀴 달린 트렁크에 짐을 넣고 다니는 경우가 많다. 그런데 길이 잘 닦이지 않은 시골이나 제3세계 지역에서 숙소를 계속 옮겨야 하는 여행이라면 상황은 달라진다. 자갈이 박히거나 울퉁불퉁한 길 또는 비포장 흙길에서 바퀴 달린 트렁크를 끌고 다니는 일을 생각해 보라. 만에 하나 바퀴라도 망가져 버린다면 얼마나 난감해지겠는가?

이외에도 내가 꼭 권하고 싶은 여행 준비물이 있다. 바로 현지인을 위한 준비물이다. 때때로 현지인들로부터 크고 작은 은혜를 입거나 신세를 지는 경우가 있다. 이때 자그마한 감사의 표시라도 할 수 있도록 부피는 작지만 의미 있는 선물을 준비해 가자. 나를 소개하거나 유용하게 쓸 수 있는 한국적인 기념품을 가져가 적절한 순간에 건네 준다면 여행의 즐거움은 더욱 커지기마련이다.[•]

일상의 변화를 이끌어 내는 또 한 번의 여행

사실 이상의 이야기는 거의 모두가 알 만한 상식 수준의 이야기다. 자신의 취향에 맞게 목적지를 선택하는 일, 여행 기간과 비용을 산정하는 일, 여행지 일정을 수립해 보는 일 등은 꼼꼼함의 정도에 차이는 있을지언정 여행을 떠나는 모든 이가 공통적으로하는 일이다. 그런데 많은 여행자가 놓치는 일이 있다. 그것은 세번째 여행, 즉 여행 정리다.

● 최근 해외에서 눈길을 끌고 있는 물건이 있다. 더운 곳에서 한국인이 들고 다니는 손선풍기다. 현지인은 물론이고 다른 국가 출신 여행자들에게도 남녀노소 할 것 없이 무척 신기한 물건인 모양이다. 2017년 여름, 카자흐스탄의 키질쿰(Kizilkum) 사막을 관통하는 장거리 열차에 탑승했다. 여행 중에 함께 간 일행이 들고 있던 손선풍기는 더운 환경에 익숙한 카자흐스탄인 손님들의 관심을 끌어모았다. 객실 승무원도 일을 멈추고 와서 한참을 이리저리 만져 보고 살펴보았다. 한 아이에게 고마움의 표시로 그것을 선물했을 때 무척 기뻐하던 그 표정이 생생하다.

여행 중에는 몸으로 전해지는 다채로운 느낌들 그리고 순간 순간 번득거리는 앎의 생각들이 파도처럼 밀려와 몸속에서 과포화 상태를 이루게 된다. 그리고 이 덕지덕지 달라붙은 크고 작은 느낌과 생각은 정제되지 않으면 점차 시간이 흐를수록 망각의 블랙홀로 빨려 들어간다. 그 느낌과 생각이 소중하다면, 그래서 몸속에 오래 붙들어 두어 삶의 일부로 만들고 싶다면 부지런히 기록하는 일을 게을리하지 말아야 하는 이유다.

저녁 시간 숙소에서 편안한 휴식을 취할 때야말로 과포화되어 있는 느낌을 풀어헤치고 정리하기 좋은 시간이다. 물론 저녁 시간에 여행일지를 매일매일 작성하기란 그리 쉬운 일이 아니다. 저녁 시간을 할애해야만 하는 여행 일정이 있을 수도 있고, 누군가와의 오붓한 시간을 저녁에 가질 수도 있다. 또 당일 일정이 너무 강행군이라 아무것도 할 수 없을 정도로 피곤할 수도 있다. 이런 경우를 대비해 시시각각 경험한 일과 생각, 느낌 등을 바로 그 현장에서 간단하게라도 메모하자. 요즘은 수첩과 펜도 필요 없다. 스마트폰의 메모 기능이 매우 편리해 손끝 터치만으로도 빠르게 메모가 가능하다. 터치조차 귀찮거나 여의치 않다면 휴대폰 녹음 기능을 이용해도 좋다.

여행일지를 중요하게 여기는 근본적인 이유는 여행 후 현실과의 간극 때문이다. 여행을 마치고 편안하고 낯익은 나의 장소로 돌아온다고 생각해 보자. 공항 입국장을 나와 경계 안쪽으로 완전히 들어오면 잠시 잊고 지내던 낯익은 모습들이 펼쳐진다. 여기에 스마트폰 문자와 부재중 전화 기록은 빨리 일상으로 돌아오라고 독촉한다. 소설가 김연수는 일상과의 재회를 다음과 같이 이야기한다.

입국장을 빠져나오면 대한민국이라는 익숙한 세계가 펼쳐지면서 오랫동안 잊고 지낸 감각이 되살아난다. 하늘의 빛깔과 공기 중의 습도와 높은 천장으로 울려 퍼지는 한국어 발음, 지금의 '나'가 만들어지기까지 가장 많은 영향을 끼친 세계로 다시 귀환한 것이다. 이제 집으로 돌아왔으니 여행은 끝난 것인가? 다시 돌아온 일상을 예전과 똑같이 바라본다면 그렇다고 말할 수 있으리라. 하지만 전과 다른 시선으로 일상의 모든 것을 바라볼 수 있다면, 나는 이전과는 다른 존재가 될 수 있다. 여행자란 가만히 앉아서 풍경을 바라보는 사람이지만, 그 순간에도 그는 조금씩 바뀌고 있다.

_김연수, 『언젠가 아마도』

일상의 낯익은 것들이 희한하게도 '낯설게' 비추어지는 경험

● 컬처그라퍼(2018), 257쪽.

은, 여행에서 돌아와 일상으로 던져지는 바로 그 짧은 순간에 이루어진다. 분명 낯익은 공간이지만 순간적으로 타자화되어 비추어지는 착시인 것이다. 하지만 그것만으로는 일상을 보는 시선의 변화, 더 나아가 일상의 변화로는 이어지지 않는다. 그런 변화들을 이끌어 내고 내 정체성을 새롭게 구성해 보고 싶다면, 또 한 번의 여행, 즉 정리를 위한 세 번째 여행을 떠나야 한다.

그런데 사람들은 돌아온 이후의 이 여행을 그리 중요하게 생각하지 않는 것 같다. 현지에서 실시간으로 생중계하듯 SNS에 자신의 여행 행적을 올리던 여행자들도 마찬가지다. 대부분 집에 돌아오자마자 "이제 끝났다.", "참 좋았다.", "아쉽다."를 간결하게 외치고 빠르게 일상으로 돌아가 버린다. 정리를 위한 여행의 필요성을 인정하지 않는 것이다. 이에 대해 여행자 정은길은 다음과 같이 이야기한다.

여행을 떠난 사람은 많은데, 이상하게 돌아온 이후의 이야기는 찾아보기가 힘들다. 여행 준비부터 시작해 여행 도중에도 내내 이어지던 생중계가 여행이 끝나면 뚝 끊긴다. 굳이 소식을 전할 것도 없는 평범한 일상으로 돌아갔다고 볼 수도 있지만, 여행을 통해 변화된 일상은 어디로 사라진 걸까? …… 나는 '여행 이후의 삶'이 '진짜 여행 이야기'라고 생각한다. 일상의 복잡함을 환기시키고자, 새로운 생각을 얻어 보고자, 삶의 변화를 느껴 보고자 떠나는 게 여행인데 어째서 사람들은 여행 후의 삶에 대해서는 이야기하지 않는 걸까?

_정은길, 『나는 더 이상 여행을 미루지 않기로 했다』

위와 같은 문제 제기에 나는 깊이 공감한다. 그리고 생각해 본다. 다시 돌아온 일상을 전과 다른 시선으로 바라보는 것은 정말 필요한 일일까? 일상은 변함이 없는데 정말 달라질 수 있을까? 그렇다면 낯익은 일상을 어떻게 재구성할 수 있을까?

여행을 다녀온 후 지도가 어떻게 달라 보이는가

여행에 의한 변화가 무엇인지에 대해서는 내가 정답을 제시할 수 없다. 여행은 각자의 성격과 취향과 목적에 따라 다르기 때문에 그 결과도 다를 수밖에 없기 때문이다. 다만 어떤 방식으로든 '여행 이후의 삶'에 변화가 필요하다고 생각한다면, 또 한 번의 여행인 '정리를 위한 여행'을 반드시 떠나야 한다고 주장하고 싶다. 이 마지막 여행은 삶의 변화를 위해서도 필요하지만 여

● 다산3.0(2015), 6-7쪽.

행의 전 과정을 성찰하면서 자기만의 기록을 남겨 놓는다는 점에서도 충분히 가치가 있다.

물론 이 마지막 여행은 분주한 나의 일상에서 생계 현장으로의 복귀와 동시에 진행되어야 하기 때문에 쉬운 일이 아니다. 하지만 지난 여행을 돌이켜 보자. 여행 중 매일의 피곤함이 쌓여 가던 고단한 몸과 그 몸을 누이던 불편하고 불안한 숙소 그리고 배낭 속에 물건들을 쑤셔 넣었다가 풀기를 반복한 여정……. 그에 비하면 나의 일상은 5성급 호텔 그 이상임에 틀림없다.

이 같은 좋은 환경 속에서 몸에 남아 있는 오감의 향연을 정리해 보자. 현지에서는 해결하지 못해 공란으로 비워 둔 여러 의문과 호기심에도 답해 보자. 이때 글을 쓰는 활동은 기억과 흔적을 단순히 박제하는 것이 아니라, 여행을 통해 이루어진 나, 여행지, 현지인과의 관계를 성찰해 보는 시간을 갖게 한다. 또한 이런 활동을 천천히 진행하다 보면, 여행할 때 미처 생각하지 못한 새로운 의문과 문제들도 떠오르곤 한다. 이를 해결하기 위해 다시 자료 수집과 공부가 이어지고, 앎의 즐거움은 더욱 쌓이게 된다. 이런 작업들은 나만의 훌륭한 여행기를 탄생시킨다. 기존의 앎과 새로운 앎이 자기만의 방식으로 독특하게 엮이면서 남부럽지 않은 여행 안내서가 완성되는 것이다.

수없이 셔터를 누르며 찍은 수많은 사진도 빠르게 정리하자. 여행에서 돌아온 후 시간이 흘러갈수록 사진과 관련된 기억들도 점점 희미해져 뒤죽박죽되어 버리기 십상이다. 이미지화된 장소들은 때로 거기가 거기 같고, 내가 대체 왜 이런 장면을 찍었는지 고개를 갸웃하게 만드는 경우도 많다. 하지만 사진 정리 작업이 여행 기록을 작성하는 데 큰 도움을 주는 것은 분명하다. 왜냐하면 이미지화된 사진은 장소를 시각적으로 재현할 뿐만 아니라 찍는 순간 여행자 자신이 생각하고 체감한 것도 함께 품고 있기 때문이다. 쉽게 말하자면 사진에는 여행자와 여행되는 것 사이에 이루어진 교감이 배어 있다. 이때 간단하게나마 메모해 둔 게 있다면 더없이 유용하다. 시각적으로는 결코 재현될 수 없는 다른 오감의 경험을 글로써 복기하고 재현하는 데 도움이 되기 때문이다.

마지막에는 내가 여행한 곳을 모두 담고 있는 큰 지도를 펼쳐 놓고 들른 곳들을 하나하나 찍어 보자. 그리고 지도 위에 사진과 기록들을 연결시켜 나가면서 다시 한 번 전체의 지리적 맥락을 파악해 보자. 이때 나는 46배판(257*188) 교과서 크기의 넓은 종이지도를 선호하는 편이다. 책장 한구석에 여전히 자리하고 있을 고등학교 지리부도가 이 크기다. 세계 전체가 지역별로 분리되어 있는 이 지도집은 총천연색으로 채색되어 있어 수시로 펼쳐서 감상하는 재미가 쏠쏠하다. 이미 쓸모없는 책이라고 치워 버렸다면 다시 한 번 구매할 만한 가치가 있다. 가격도 착해서 가성비로 따지면 최고의 책이다. 무엇보다 여행의 전체 경로를 한눈에 볼 수 있어 유용하다.

지도는 세 번째 여행에서 반드시 수반되어야 하는 동반자다. 여행자의 입장에서 여행을 떠나기 전에 살펴보는 지도와 여행을 다녀온 후에 살펴보는 지도는 상당히 다른 모습으로 비추어지기 때문이다. 마지막 여행에서는 현지 여행을 통해 변화가 생긴 여행자의 심상지도가 객관적인 지도에 비추어진다. 즉 객관적인 지도를 새롭게 바라보고 세상을 다시 해석할 수 있는 능력이 생기는 것이다. 이것이야말로 여행과 지리가 가져다주는 가치 있는 능력이자 커다란 즐거움이 아닐까?

세 번째 여행을 수행하다 보면, 지나간 여행이 온전히 내 것으로 완성되는 듯한 기분이 든다. 그런데 이러한 마무리 과정은 끝이 아니라 새로운 시작이다. 세 번째 여행을 거치고 나면 세계 여러 장소에 대한 지리적, 문화적 통찰력이 커지게 된다. 내가 다녀온 여행지와 지리적으로 이웃한 혹은 문화적으로 연결된 장소로 나의 관심이 자연스럽게 넓어지는 것이다. 그리고 봄 햇살에 새싹이 돋아나듯 새로운 여행을 떠나고 싶은 욕망이 스멀스멀 피어오른다. 이제 지도는 단순히 여행의 길 안내를 위한 도구가 아니라 나의 다음 여행지를 탐색토록 하는 지리적 상상의 놀이터가 된다.

내가 가르치는 학생 중에는 나만큼이나 역마살이 끼어 일상의 많은 부분을 여행 준비로 채우는 친구들이 여럿 있다. 그중 한 학생이 언젠가 스리랑카 여행에서 돌아온 후 다음 번 여행지에 대해 나와 이야기를 나누면서 다음과 같은 말을 한 적이 있다.

> 스리랑카 여행은 정말 즐거웠어요. 여행을 마치고 한국으로 돌아온 후 지금까지도 그 후유증이 오래도록 남아 있죠. 그 때문인지 다시 어디론가 떠나고 싶다는 생각을 하고 있어요. 저는 이렇게도 생각해요. 내 집이 있는 이곳 한국은 내 인생에서 조금 길게 체류하는 경유지일 뿐이라고요.

살아 '있다'는 것은 익숙한 이곳의 장소에 머무르면서 일상을 영위해 간다는 뜻이다. 익숙한 일상이 있기에 우리의 삶도 존재할 수 있다. 그런데 우리는 삶을 살아 '간다'고 표현하기도 한다. 단지 살아 있다는 것만으로는 부족해 떠나고 움직이는 삶을 살아 가는 것이다. 정착적인 일상과 이동적인 여행은 마치 맞물린 톱니바퀴처럼 인간의 삶을 구성하는 상호 반영적이고 보완적인 활동이다. 그러한 정착과 이동이 반복되는 삶 속에서 우리가 또 다른 여행을 꿈꾸는 것은 아주 자연스러운 현상이다. 결국 떠남은 머무름을 만들고 머무름은 다시 떠남을 만드는 것, 그것이 바로 우리의 인생 아닐까?

내가 지리를 공부하고
여행을 꿈꾸는 이유

이 책의 원고를 작성 중이던 2018년 초여름, 나는 여행과 행복의 상관관계에 대한 고민에 빠져 글쓰기를 멈춘 적이 있다. 여행의 이유가 행복을 찾기 위한 것이라고 주장하는 내 자신에게 그럼 행복이란 무엇인지 그리고 행복의 조건은 무엇인지에 대해 명확한 답을 내놓기 힘들었기 때문이다. 물론 지금도 나는 자신 있게 그 정답을 말하지 못한다. 왜냐하면 행복이 무엇인지, 행복의 조건이 무엇인지는 사람마다 다르기 때문이다. 그래서 오히려 내가 나누고 싶은 여행법이 자기만족에 흠뻑 빠져 있다는 핀잔을 들을까 걱정이 되던 차였다.

그때 우연히 한 텔레비전 예능 프로그램에서 가수 싸이가 행복에 대해 다음과 같이 말하는 것을 듣게 되었다.

홀륭한 사람이 되기 위해 행복한 사람이 되는 것을 포기할
순 없다. 홀륭한 사람이 못되어도 행복한 사람이 된다면 그
것이 더 좋은 인생이 아니겠는가.

자연스레 나의 수많은 행복의 편린들이 떠올랐다. 앞에서 말
한 여행뿐 아니라 이 책에는 싣지 못한 다양한 여행이 떠올랐다.
브라질 아마존의 중심 도시 마나우스Manaus에서 요란한 나팔 소
리와 경적 소리를 내면서 구닥다리 트럭을 타고 주말마다 축제
현장으로 달려가는 젊은이들의 행복 가득한 얼굴, 쿠바의 바삭
한 햇살 담은 에메랄드빛 카리브해 연안도시 트리니다드Trinidad
의 공터에서 매일 저녁 열리던 여행자들을 위한 파티, 멕시코 유
카탄반도의 메리다Mérida에서 매주 토요일마다 소칼로 광장Zocalo
Square을 뒤덮던 밴드의 연주 소리까지.
여행은 지구 저편에서 나와는 다른 방식으로 행복하게 살아
가는 사람들을 만나고 문명의 편리함이 곧 행복의 필요충분조
건이 아니라는 것을 깨닫는 현장이다. 돈, 건강, 가족 등 외적 요
인만 중요시해서는 남루한 복장을 걸친 채 처연하게 오체투지
하는 티베트Tibet 사람들의 행복을 이해할 수 없다. 또 해가 지면
촛불을 밝힌 채 마주앉아 삶은 감자를 나누면서 도란도란 대화

를 나누는 미국 펜실베이니아 아미시Amish마을 사람들의 행복도 이해할 수 없다. 티베트 사람들과 아미시 마을 사람들이 살아가는 방식에서 깨달음을 얻고 나의 행복으로 이어지게 하는 여정, 그것이 바로 여행이다.

주도적인 여행을 통해 계발되는 능력, 여행력

여행의 이점에 대해 하나 더 꼽으라면 바로 '여행력'을 이야기하고 싶다. 여행력은 자기 스스로 모든 여정을 주도하고 몸의 오감을 동원해 여행할 때 발견하거나 계발할 수 있는 다양한 능력들을 말한다.♥

자아 발견, 호기심, 통찰(력), 창의성, 기획력, 자기 주도(력),
자기애, 자신감, 열정, 감성, 공감, 글로벌 마인드, 커뮤니케이
션 능력, 친화력, 적응력, 독립심, 끈기, 혁신, 스토리, 용기

인간이 지니고 있는 능력은 참으로 무한하다. 하지만 그것을

● 김영욱·장준수 지음, 『여행하면 성공한다: 위대한 인물 22인의 놀라운 성공 비법』, 라이프콤파스 (2011), 115~119쪽.

발견하고 표출하는 것은 쉬운 일이 아니다. 모든 것이 익숙한 일상에서는 이러한 경험을 하기가 쉽지 않다. 의도적으로 노력하지 않는 이상 새로운 것과 부딪치며 자극을 받는 경우가 별로 없으며, 문제에 봉착했을 때도 해결을 위한 노력의 시간이 거의 주어지지 않기 때문이다.

그런데 여행에서는 이것이 가능하다. 제대로 된 여행, 특히 자기가 주도해 모든 것을 이끌어 가는 자유배낭여행은 여행력을 계발해 자신의 것으로 만드는 데 가장 적합하다. 자기 주도적인 여행을 기획해 타자를 경험하고 문제에 부딪혀 이를 해결해 나가는 과정을 겪어 보면, 자신이 생각보다 괜찮은 능력을 가진 존재라는 것을 깨닫게 될 것이다. 실제로 지난 20년간 내가 가르친 학생들의 졸업 후 진로를 살펴보면, 여행을 좋아하고 자유배낭여행을 통해 여행력을 계발한 학생들이 결국 원하는 직업을 얻어 활기차게 사회생활을 하는 경우가 더 많았다.

세계 0대 자연경관은 없다

그렇다면 여행력을 높이고 자신을 파악하기에 최적인 여행지를 골라 달라고 말하는 사람이 있을 수 있겠다. 이밖에도 인터넷 포털의 여행 관련 섹션에 들어가 보면 독자들의 관심을 끌기 위해 '최고의' '가장 좋은' '꼭 가봐야 할' '세계 O대' 같은 수식어를 붙여 여행지를 소개하는 기사들이 많다. 그런 숫자와 순위가 과연 의미가 있을까? 정말 그 순서대로 좋은 곳이라고 할 수 있을까?

2011년에 대한민국의 매스컴에서 호들갑을 떤 해프닝이 있었다. 뉴세븐원더스라는 국제 사설 재단이 소유한 어떤 사기업에서 세계에서 가장 아름다운 일곱 개의 자연경관을 선정해 발표한 것이다. 선정된 곳은 아마존우림Amazon Rainforest(브라질을 포함한 9개국), 하롱베이Ha Long Bay(베트남), 이구아수폭포Iguazu Falls(브라질, 아르헨티나), 테이블마운틴Table Mountain(남아프리카공화국), 코모도국립공원Komodo National Park(인도네시아), 푸에르토프린세사지하강Puerto Princesa Subterranean River(필리핀) 그리고 대한민국의 제주도였다. 모두 손색이 없는 아름다운 경관들이다.

그런데 뭔가 석연치 않다. 바로 우스꽝스러운 선정 방식 때문이었다. 2007년부터 2011년까지 전 세계인의 투표를 통해 선정했다는데, 관심 있는 누구나 인터넷이나 전화로 투표를 할 수 있었고 무제한으로 중복 투표가 가능했다. 뒤늦게 이 경쟁에 뛰어든 제주도는 도내 공무원들을 전화 투표에 참여하도록 독려했고, 지방정부 예산으로 그 비용을 감당했다. 그 순수한 마음이야 어찌 잘못됐다고 할 수 있겠는가? 하지만 사태는 자연경관의 아름다움이 얼마든지 정치적으로 변색될 수 있음을 보여 주는 데

까지 이르렀다. 중앙정부까지 나서서 전 국민의 투표 참여를 독려하는 거국적인 사업으로 확대된 것이다. 마침내 선정이 확정되었다는 소식에 축제 분위기까지 형성되었으나 그 저간의 사정을 아는 사람들은 혀를 끌끌 찰 수밖에 없었다.

이 해프닝의 보다 근본적인 문제는 세계의 많은 자연경관 중 가장 아름다운 일곱 개만을 골라낸다는 점이다. 그렇다면 그 일곱 개에 포함되지 않은 자연경관들은 상대적으로 덜 아름답다는 말인가?

국제적인 공신력을 인정받고 있는 유네스코 세계유산위원회에서는 엄격한 심사를 거쳐 보존 가치가 있는 훌륭한 세계유산을 자연유산, 문화유산, 복합유산으로 나누어 지정하고 있다. 2018년 8월을 기준으로 이 위원회에서 지정한 세계유산은 전 세계 167개국에 걸쳐 총 1092점에 이르고 있다. 1000점이 넘는 수많은 세계유산들을 자세히 살펴보면, 다양한 선정 기준을 확인할 수 있으며 그림 같은 아름다움에 감탄사가 절로 난다. 하지만 세계유산위원회의 지정을 받지 못한 훌륭한 경관과 장소도 세계 도처에 널려 있다. 세계유산위원회 역시 지금도 계속해서 새로운 유산들을 발굴하고 심사하는 작업을 해나가고 있다. 이런 가운데 각지의 경관과 장소에 순위를 매기는 것이 과연 가치 있는 일일까? 경관과 장소를 인간의 휘하에 놓고자 하는 오만함은 아닐까? 장소(경관)의 가치는 각 개인의 취향과 관심사에 따라 달라질 뿐, 어떤 절대적인 기준으로 순위를 매길 수 없다는 점을 우리는 알아야 한다.

내면의 잠재된 욕망을 점화시키는 지리의 다양성

다양한 경관을 여행하는 데는 정답이 없다. 다만 여행의 즐거움을 좀 '더' 끌어올리는 데 지리 공부가 꽤나 유용하다는 점은 다시 한 번 강조하고 싶다. 지리라고 하면 흔히 국가나 도시, 마을의 '위치' 혹은 '길 찾기' 정도의 간단한 지식쯤으로 생각하는 사람이 많다. 조금 학식이 있다는 사람 중에는 풍수지리의 지리가 지리학의 전부인 양 이야기하는 사람도 있다. 저명한 인류학자 재레드 다이아몬드는 그의 책 『제3의 침팬지』에서 지리의 가치와 그에 대한 오해를 다음과 같이 기술하고 있다.

20~30년 전까지는 지리학이 중고등학교와 대학 교육 과정의 필수 과목이었으나 점차 많은 학사 과정에서 제외되기 시작했고, 지리는 각 나라의 수도 이름만 암기하는 학문이라는 잘못된 견해가 만연하였다. 짧은 기간의 지리 수업만으로는 지도가 우리 삶에 미치는 영향을 미래 정치가들에게 가르치기에 부족하다. 지구에 채워진 위성과 통신망으로는 지역 간

의 차이에서 비롯된 인간 사이의 이질감을 제거할 수 없다.
결국 우리가 어떤 인간이 되는가는 우리가 어디에 살고 있는
가에 따라 좌우된다.

_재레드 다이아몬드, 『제3의 침팬지』

한국의 현실도 마찬가지다. 고등학교의 세계지리는 학생들의
선택을 받지 못하는 어려운 과목으로 낙인 찍혀 있다. 공부해야
할 양이 많거나 그 내용이 까다로운 과목으로 인식되어 있기 때
문이다. 대학의 교양 교육도 별 차이가 없어 지리학이나 세계지
리와 관련된 교양 과목을 개설하고 있는 대학이 그리 많지 않다.
지리학과나 지리교육과가 없는 대학이야 가르칠 사람이 없어
그렇다손 치더라도 그런 학과가 있는 대학에서조차 관련 교양
과목이 개설되어 있지 않은 경우가 있다. 내가 가르치는 〈여행과
지리〉 과목을 수강한 학생들 역시 과목명에 붙은 '여행'이라는
단어가 매력적이라 수강했다고 말한다. 물론 '지리'라는 단어 때
문에 수강을 망설였다고 대답하는 학생들도 있다.

그런데 지리 지식은 단순히 위치에 관한 지식이 아니라 장소
와 인간의 관계에 대한 지식으로, 그 가치가 높다. 역사가 과거

● 문학사상(2015), 369쪽

그곳에 산 사람들의 화석화된 이야기라면, 지리는 현재 살고 있는 사람들의 생동감 넘치는 이야기다. 장소에 펼쳐진 독특한 자연환경과 그 속에서 살아가고 있는 사람들 그리고 그 장소와 다른 장소의 연결 속에서 살아가고 있는 사람들이 펼치는 역동적인 삶의 이야기인 것이다. 이러한 지리는 역사와 마찬가지로 여행을 풍부하게 해준다. 지리를 알고 떠나는 여행자는 단순한 구경꾼이 아닌 참여자로서 여행지를 들여다볼 수 있다.

이 세상 그 어떤 장소도 똑같지 않다. 요컨대 지리는 모두 다르다. 자연경관의 측면에서 지구의 다양성은 영원히 계속된다. 자연을 개조할 수 있는 인간의 능력이 아무리 커진다 해도 그 차이를 무력화시키는 것은 불가능하다. 문화경관도 마찬가지다. 경제의 세계화가 진행되어 가고 있다고 하지만, 우리의 문화와 문화경관은 여전히 각 지역의 자연환경 특성과 역사적 전통의 흐름을 타고 그 다양성을 유지하고 있다. 오히려 각 지역의 문화들이 서로 섞이어 새로운 문화가 출현하고 있는 경우도 많다. 경제적으로나 문화적으로 자기 완결성을 지닌 채 폐쇄적이고 고립적으로 존재하는 장소는 이 세상에 존재하지 않는다.

지리의 다양성으로 우리는 경계 너머에 대해 호기심을 갖게 되었고, 그것을 알고 경험하고자 하는 욕망을 품게 되었다. 일탈을 꿈꾸며 자아를 탐험하고자 하는 여행자 내면의 잠재된 욕망을 점화시키는 것은 다름 아닌 저 너머 낯선 장소가 지닌 '지리'

다. 그런데 여기서 유념해야 할 것은, 지리의 다양성이 파편화된 채로 우리를 매혹시키는 것이 아니라 상호 보완적으로 연결되어 우리의 지리적 상상을 풍성하게 해준다는 점이다. 따라서 지구의 다양성과 지구촌 사회의 연결성에 초점을 맞춘 지리 여행은 전 세계를 통찰하는 능력을 기를 수 있다.

여행은 낯선 곳으로의 경계 넘기, 낯선 것들과 낯선 사람들을 만나 교감하기, 그곳(의 사람들)과 이곳(의 사람들)의 연결성 상상하기 등을 통해 비로소 완성된다. 이곳 그리고 일상으로부터 탈출하기만이 여행의 목적이라면 그 여행은 반쪽짜리 여행일 수밖에 없다. 다음은 쿠바 아바나에서 멕시코로 가는 비행기에서 만난 한 프랑스 친구가 보낸 메일이다.

내 여행의 의미와 방법이 어떤 것인지 물으니 참 어렵네. 나는 나를 바꾸기 위해 여행을 한다네. 내가 여행을 손수 만들어 간다기보다는 여행이 나를 변화시키도록 한다Instead of making a trip, I let the trip making me고 표현하는 것이 맞겠군. 호기심을 발휘하고 열심히 관찰하면서 나의 의식과 세상을 보는 방식을 자연스럽게 바꾸어 가곤 하지. 나는 이 같은 문화 변용의 과정을 좋아한다네. 때로는 무척 어려운 일이기도 하지만, 결국에는 항상 보상이 뒤따르거든.

일상을 떠난 경계 너머로의 여행은 특정한 지역에서 특정한 기간 동안에만 이루어진다. 이러한 여행은 인생의 긴 여정과 비교해 본다면 아주 짧은 순간에 불과하다. 하지만 그 짧은 여행이 주는 재미와 의미는 한순간의 거품처럼 일었다가 사라지는 덧없는 것들이 아니다. 추억할 수 있는 과거가 되어 화석처럼 남겨지는 동시에 우리의 미래를 풍요롭게 해줄 거름이 된다. 그래서 나는 오늘도 떠남의 설렘을 안고 지리를 공부한다. 그렇게 항상 여행을 준비한다.

이 저서는 2018년 대한민국 교육부와 한국연구재단의 지원을 받아 수행된 연구임(NRF-2018S1A5A2A03035736).

This work was supported by the Ministry of Education of the Republic of Korea and the National Research Foundation of Korea(NRF-2018S1A5A2A03035736).

이 도서는 한국출판문화산업진흥원의 '2019년 우수출판콘텐츠 제작 지원'사업 선정작입니다.

지리학자의 인문 여행

초판 1쇄 인쇄 2019년 6월 10일
초판 8쇄 발행 2023년 5월 15일

지은이 이영민 **펴낸이** 김종길 **펴낸 곳** 글담출판사 **브랜드** 아날로그

기획편집 이은지 · 이경숙 · 김보라 · 김윤아 **마케팅** 성홍진
디자인 손소정 **홍보** 김민지 **관리** 김예솔

출판등록 1998년 12월 30일 제2013-000314호
주소 (04029) 서울시 마포구 월드컵로 8길 41(서교동)
전화 (02) 998-7030 **팩스** (02) 998-7924
페이스북 www.facebook.com/geuldam4u **인스타그램** geuldam
블로그 blog.naver.com/geuldam4u **이메일** geuldam4u@geuldam.com

ISBN 979-11-87147-41-1 (03980)
* 책값은 뒤표지에 있습니다.
* 잘못된 책은 구입하신 곳에서 바꾸어 드립니다.

글담출판에서는 참신한 발상, 따뜻한 시선을 가진 원고를 기다리고 있습니다.
원고는 투고용 이메일을 이용해 보내주세요. 여러분의 소중한 경험과 지식을 나누세요.
이메일 **to_geuldam@geuldam.com**